C. M. WIELANDS

SÄMMTLICHE WERKE

SECHZEHNTER BAND

CYRUS

ARASPES UND PANTHEA.

LEIPZIG

BEY GEORG JOACHIM GÖSCHEN. 1796.

C Y R U S

EIN UNVOLLENDETES HELDENGEDICHT

IN FÜNF GESÄNGEN

Aufgesetzt im Jahre 1756 und 57.

ERSTER GESANG.

V. 1—8.

Singe mir, Muse, den Mann, der von den Bergen von Persis
Muthig stieg, dem dräuenden Stolz der Tyrannen entgegen,
Die vom furchtbaren Thron, auf Asiens Nacken gethürmet,
Rings um sich her die Erdebewohner mit Fesseln bedräuten;
Bis, vom ewigen König zur heiligen Rache gerüstet
Und zum Hirten der Völker geweiht, der göttliche Cyrus
Gegen sie zog, ein kühner Beschirmer der Rechte der Menschen,
Seiner Brüder. Umsonst verband sich der Könige Stärke

V. 9—21.

Wider den Helden, vergeblich erhuben sich Babylons Mauern:
Über ihm schwebte der Ruhm von seiner Weisheit, und legte
Willige Völker zu seinen Füſsen; die Weisen und Guten
Flossen ihm zu, besiegt von seiner erobernden Güte;
Denn sein zürnendes Schwert traf nur die Feinde der Menschheit.
Viel Gefahren, viel ehrenvoller unsterblicher Arbeit
Duldet' er, unüberwindlich, auf seine Tugend gestützet,
Bis er den neuen Thron, der Könige Vorbild, erhöhte,
Der vom geheimen Nil zum Rosenlager Aurorens
Welten von Menschen lockt' in seinem Schatten zu wohnen.

Dich, o Wahrheit, dich ruf' ich aus deiner glänzenden Sfäre,
Mutter der schönen Natur, zu meinen Gesängen herunter!
Wenn in der Morgenröthe des Lebens mein wankender Fuſs schon

V. 22—35.

Einsam die Pfade bestieg, die zu deinem Tempel sich winden;
Wenn mein Gesang dir immer geweiht war, so höre mich, Göttin,
Jetzt, da mein Geist von mehr als Liebe zu flüchtigem Nachruhm,
Da er von Liebe der Tugend entbrannt, in sichtbarer Schönheit
Ihre Gestalt dem Menschengeschlecht zu entwerfen gelüstet.
Zeig' o zeige sie mir, in ihrer Grazien Mitte,
Jene sittliche Venus, die einst dein Xenofon kannte,
Und dein Ashley mit ihm, die Mutter des geistigen Schönen.

Und Ihr, höret mich, Freunde der unentheiligten Musen
Und der Tugend, vor andern Ihr künftigen Herrscher der Völker,
Deren jugendlich Herz die Gewalt der Wahrheit noch fühlet:
Hört mich, und lernt von Cyrus die wahre Gröſse der Helden!

Durch die Pforte, die zwischen den Medischen Bergen sich aufthut,
War der Persische Held in die Ebnen von Assur gedrungen,

V. 36—49.

Wo durch Auen und Haine der schnelle Zerbis sich wälzet.
Unerschrocken erwarten mit ihm die Meder und Perser
Ihren trotzigen Feind, der die unabsehbaren Felder
Zwischen dem Strom und Arbela mit seinen Zelten bedeckte.
Zwar der Persischen Schaar schien jede Stunde zu träge,
Die vom Streit sie entfernt'; allein die Klugheit des Cyrus
Bändigte noch das unzeitige Feuer, und zwang sie zu warten,
Bis die Assyrer zum Angriff ihr festes Lager verließsen.
Unterdeſs spotteten sie von den äuſsersten Hügeln des Zagrus,
Wo er die Thäler Arbelens begrenzt, der feindlichen Mengen,
Und verkürzten mit krieg'rischen Spielen die Länge der Tage.

Ihnen war die entmannende Wollust, das üppige Gastmahl,
Und der nächtliche Tanz, und das weiche Lager auf Rosen
Unbekannt; ihnen war's Lust, in schwerer eiserner Rüstung,

V. 50—64.

Müde, nicht überdrüssig der harten Arbeit des Tages,
Unter nächtlichem Himmel auf kalter Erde zu ruhen.
Ihre gehärtete Faust, der sanften Lydischen Flöte
Ungewohnt, war geübt die wolkenstützende Fichte
Niederzufällen; ihr schlüpfender Fuſs mit fliehenden Rehen,
Leicht wie der Zefyr, durch raschelnde Büsch' in die Wette zu laufen.
Ihre Speise war Brot und bluterfrischende Kresse,
Wasser ihr Trank, mit dem blinkenden Helm aus der Quelle geschöpfet.
Ihre männliche Brust, zu Geduld und Arbeit gestählet,
Trotzte dem Schmerz, dem Hunger, dem Frost, der glühenden Sonne,
Jeder Gefahr und jeder Gestalt des blutigen Todes,
Wenn die Posaune des Ruhms in ihren Ohren ertönte;
Söhne der Freyheit, unwissend den Nacken sklavisch zu beugen,
Aber gewohnt dem Gesetz, des Vaterlands heiliger Stimme,
Und mit schneller geflügelter Eile dem Winke des Feldherrn

V. 65—78.

Freudig zu folgen. So war der kleine Persische Falanx,
Welchen du, Cyrus, den zahllosen Sklaven des Königs von Babel,
Doppelten Sklaven des Throns und der Wollust, entgegen führtest.

Diese zögerten noch in ihrem üppigen Lager,
Als mit barbarischem Pomp Gesandte des Indischen Königs
Fern vom Ufer des palmigen Indus zum Lager der Perser
Kamen, und vor den Fürsten geführt zu werden verlangten.
Mitten im Lager vertraulich von seinen Freunden umgeben,
Fanden sie ihn. Kein fürstlicher Staat, kein Tyrischer Purpur,
Kein Diadem bezeichnete ihn vor den übrigen Persern.
Cyrus verschmähte den Stolz, der mit der Beute von Muscheln
Und von Gewürmen sich schmückt. Die majestätische Schönheit
Seiner Gestalt, in welcher die göttliche Seele sich mahlte,
Liefs die Fremden nicht zweifeln, wer unter den Männern der Held sey,

V. 79—91.

Den sie suchten. Doch blieben sie stumm mit staunenden Blicken
Stehen vor ihm, bis endlich der Älteste also begonnte:

Cyrus, dein Nahme, der Ruf von deiner erhabenen Tugend
Ist schon lange zu uns an die Ufer des Indus gedrungen.
Unser König, das strahlende Bild des Königs der Welten,
Ehret die Tugend, obgleich in seines Thrones Umschattung
Tausend Völker, geblendet von seinem Glanze, sich hüllen.
Königlich schaut sein Geist mit edelm verachtendem Zorne
Auf die Erobrer herab, die, gleich dem Schöpfer des Übels,
Nur durch Morden und Raub und allgemeine Verwüstung
Ihre verhaſste Gewalt vor bebenden Völkern enthüllen;
Aber er ehrt den Gerechten, den Freund der Menschen, den Weisen,
Wo er ihn findt, auf dem Thron und in der niedrigsten Hütte.

V. 92—105.

Selbst allein mit den sanfteren Künsten des Friedens beschäftigt,
Zeucht er niemahls das Schwert, als wenn die Stimme der Unschuld
Gegen den Unterdrücker ihn ruft. Der ist es, o Cyrus,
Der uns sendet, um dich mit der Stimme der Freundschaft zu fragen,
Welch ein Unrecht dich zwinge, die neue Ruhe zu stören,
Die nach langer Zerrüttung die Morgenländer beseligt?
Ihn berechtigt der Thron, auf dem er zum Schirme der Menschen
Und zum Wohlthun nur sitzt, zu dieser billigen Frage.
Und damit er dir zeige, wie tief er die Ränke der Staatskunst
Unter sich hält, entdeckt er dir, dafs der König von Babel
Lange den Indischen Hof mit seinen Klagen schon füllet,
Alles versuchend den König in einen Bund zu verstricken,
Der sich dem Anwachs des Medischen Reichs widersetzen sollte.
„Gröfster der Könige, sagten ihm oft die Assyrischen Redner,

V. 106—119.

Siehe, zu welcher Macht so kürzlich die Meder gestiegen!
Schon verbreiten sie sich von den Ufern des Kaspischen Meeres
Bis zu den Rosengärten von Susa; Armenien seufzet
Unter dem neuen Joch; schon fürchtet der tapfre Hyrkaner,
Selbst der unbändige Sazer in seinen beschneiten Gebirgen
Fürchtet Armeniens Fall. Zu welcher dräuenden Gröſse
Werden sie erst erwachsen, wenn unter dem muthigen Cyrus
Persis, die Mutter der Helden, sich mit den Medern vereinbart!
Herr, wir wissen was Cyrus zu unternehmen im Stand ist.
Seinem Ehrgeitz ist Persis zu enge. Von Ländern zu Ländern
Wird er eilen, und eher nicht ruhn, bis Menschen zum Würgen
Seinem Stolz, und Länder, sie einzunehmen, gebrechen.
Hat er sich nicht in Proben gezeigt, die den Klugen verriethen
Was für Gedanken der Stolze in seinem verschwiegenen Busen

V. 120—133.

Wälzet? Gedanken, die jetzt nur seine Schwäche noch hindert
Furchtbar hervor zu brechen. Bald wird's, o König, zu spät seyn
Ihm zu begegnen! Dich selbst wird deine furchtbare Gröſse
(Zollen dir gleich vom Indus zum dienstbaren Ganges die Völker)
Nicht vor ihm schützen, wenn Babylon erst vor Cyrus dahin sinkt,
Und der goldne Paktol sein Joch zu tragen gelernt hat."
Also sprachen, o Cyrus, mit schlauen beredenden Worten
Babels Gesandte. Sie sprachen's umsonst. Den König des Indus
Schreckt kein sterblicher Feind; er ehrt den Helden in Cyrus,
Aber er fürchtet ihn nicht. Sein unbeweglicher Schluſs ist,
Nur zum Schirme der Unschuld und zur Bestrafung des Unrechts
Seinen Arm zu entblöſsen! So bald das Gerücht uns verkündte,
Daſs du gewaffnet die Grenzen des Königs von Babel betreten,
Sandt' er uns, von dir selbst die wahre Ursach' zu hören,

V. 134—146.

Die dich bewaffnet. Wir haben Befehl, sodann auch ins Lager
Zu den Assyrern zu gehn. Sind beide Theile gehöret,
Alsdann wird sich der König zu dem mit mächtiger Hülfe
Lenken, für den die Gerechtigkeit erst den Ausspruch gethan hat.

Also sagte der Alte. Ein dunkles sumsendes Murmeln
Lief durchs ganze Gezelt, bis mit der ruhigen Hoheit,
Die ihn aus allen erhob, der Fürst den Indern versetzte:
Freunde, mein erster Wunsch bey allem, was ich beginne,
Ist der Beyfall des innern Richters, welchen die Gottheit
In die Brust uns gesetzt, — mein zweyter, der Beyfall der Guten.
Spräche mein Herz mich los, ich würd' es mit lächelnder Ruhe
Sehen, wenn sich die Welt zu meiner Verdammung empörte.
Aber ich weigre mich nie, den Mann zum Richter zu nehmen,

Der den geraden Pfad der Ehre wandelt. Ihr sollet
Alles vernehmen, und Asia sey die Zeugin der Wahrheit!
Aber ehe sich euch mein Herz vertraulich enthüllet,
Sollt ihr mit uns des Gastrechts fromme Gebräuche begehen.

Also sprach er. Da eilten, von seinem Winke beflügelt,
Persische Knaben, (kein weiblicher Fuſs betrat die Bezirke
Seines Lagers) mit Anstand die mäſsige Tafel zu rüsten.
Unterdeſs führte der Fürst die Fremden, das Lager zu schauen.
Was sie sehen, erfüllt sie mit Wunder. Die Ordnung des Lagers,
Wo, wie im Schooſse des Friedens, gesittete Mäſsigkeit herrschte,
Unter dem Heer die gesellige Eintracht, die Stärke der Krieger,
Muth und Verachtung des Todes in jedem blitzenden Auge,
Edler Wettstreit in jeder Brust, durch rühmliche Thaten

V. 160—173.

Unter dem Auge des Führers vor andern sich auszuzeichnen;
Aber vor allen die Persische Schaar, die Söhne der Freyheit,
Jeder ein Held, und Cyrus, wie unter den Helden ein Gott glänzt,
Dessen Anblick ihr Herz zu neuer Gröſse begeistert:
Alles entzückt die Fremden. Sie blicken in stummer Erstaunung
Oft auf Cyrus, und schlagen geblendet die Augen dann nieder,
Zweifelhaft, ob nicht etwa der hohen Unsterblichen einer,
Die nach dem Winke des obersten Gottes die Sfären regieren,
Sichtbar geworden, und, Cyrus genannt, die Sterblichen führe.

Jetzo rief sie die neigende Sonne zum ländlichen Gastmahl,
Wo die bescheidne Natur nichts, was sie fodert, vermiſste.
Zwar kein Nektar, am sonnigen Strande von Cypern gereifet,
Blinkt' in geschnittnem Krystall, kein Hirn von Lybischen Strauſsen,
Keine Zunge von Indischen Pfauen, noch purpurne Schnecken

V. 174—186.

Reitzten in künstlichem Golde die unverzärtelten Gaumen.
Aber es mangelte nicht an Assurs köstlichsten Früchten,
Noch an gewürztem Honig aus hohlen Fichten geraubet,
Noch an der lächelnden Ros' um die kleinen thauenden Becher.

Als sie das Mahl geendet, da wandte Cyrus sein Auge
Gegen die Inder; das frohe gesellige Murmeln des Tisches
Schweigt, es stört kein leisestes Lispeln die Rede des Helden:

Freunde, spricht er, nie kannte mein Herz ein gröſser Vergnügen,
Als im weitesten Umfang die Menschen glücklich zu sehen.
Ständ' es bey mir, so würden noch heute von Volke zu Volke
Alle Schwerter und Spere zu friedsamen Sicheln geschmiedet.
Aber so lange die Sonne mit gleich belebendem Strahle
Bösen und Guten scheint; so lange Tyrannen den Menschen,

V. 187—200.

Seines Geburtsrechts entsetzt, zu grasenden Thieren verstoſsen;
Räuber, die unersättlich nach fremdem Eigenthum schnappen,
Die der steigende Flor von freyen Völkern beleidigt,
Die es Empörung nennen, wenn Freygeborne sich weigern
Sklaven zu seyn: so lange verbeut die Pflicht den Gerechten,
Sorglos, in träger Ruh, der unersättlichen Raubsucht
Und den Fesseln sich Preis zu geben. Der Krieg ist kein Übel,
Wenn ein feiger Friede die Güter des Lebens uns raubet,
Ohne welche der Mensch des Thieres Glück zu beneiden
Ursach' hätte. Ihr kennet den Geist, der Babylons Fürsten
Seit Jahrhunderten treibt: oft haben vom Streite noch schnaubend
Ihre Rosse den Ganges getrunken. Wer nennt mir von Memfis
Bis zum Skythischen Schnee das Land, das ihr trotziger Ehrgeitz
Nicht mit blühender Jünglinge Blut und Thränen der Mütter

Überschwemmte? — Das einzige Persis (beglückter als andre,
Weil die Natur es mit Alpen vor ihrer Raubsucht umzäunte)
Schützte sich, ruhmlos und arm, bey seinem Erbgut, der Freyheit.
Medien hat, ihr wiſst es, vorlängst der tapfre Arbaces
Von dem schändlichen Joche des niedrigsten Sklaven der Wollust,
Sardanapalus, befreyt. Seitdem unabhängig von Babel,
Hat es den Neid der Stolzen durch seine wachsende Gröſse
Schuldlos gereitzt. Lang' war die beglückende Ruhe der Meder
Nur ein Geschenk der Unmacht der Babylonischen Herrscher.
Aber seit Nebukadnezar auf Ninive's goldne Ruinen
Seinen gewaltigen Thron, den Schrecken des Orients, setzte;
Seit der Araber und Syrer und Palästiner ihm dienten,
Schwoll des Eroberers Herz von grenzenlosen Entwürfen.
Jetzt beschloſs er, von hohen vergötternden Träumen berauschet,

V. 215—228.

Seinen Nahmen den glänzenden Nahmen Sesostris und Ninus
Gleich zu machen. Ihm sollten, wie jenen, die Völker des Morgens
Zitternd nachsehn, wie er, an seinen Wagen gefesselt,
Ihre Könige schleppte. In solchen Gedanken vom Tode
Plötzlich hinweg gerafft, überliefs er den Erben des Thrones,
Sie zu vollziehen. Diefs scheint die angelegenste Sorge
Neriglissors zu seyn. Man sagt, am Tage der Krönung
Hab' er im Tempel Bels auf seinen Zepter geschworen,
Und von Babylons Fürsten die majestätischen Schatten
Fei'rlich zu Zeugen hervor aus ihren Gräbern gerufen
Seines Gelübds, nicht eher zu ruhen, bis alle Provinzen,
Welche Semiramis einst errang, den Assyrischen Zepter
Wieder erkennten. Ekbatana sollte die erste von allen
Seinen Donner empfinden. Dem Übermüthigen war es

V. 229—242.

Schon Verbrechen genug, daſs sich die Meder und Perser
Weigerten, Ketten zu tragen, die selbst der trotzige Baktrer
Neulich von ihm zu tragen gelernt. Jetzt dürstet er Rache!
Ungesäumt eilt der Befehl zu allen Fürsten des Reiches,
Sich zu rüsten. Schon wimmeln die Ufer des Tigris, die Auen
Ninive's wimmeln schon von Welten gewaffneter Sklaven,
Während daſs Redner mit Trug und schmeichelnden Zungen bewaffnet
Asiens Höf' umschleichen, durch Gold und goldne Versprechen
Zum Verderben der Meder die trägen Fürsten zu wecken.
Nicht vergeblich! Sie haben zu Sardes den Lydischen Krösus,
Der sein Gebiet vom reichen Gestade des Griechischen Meeres
Bis zum Taurus erstreckt, in ihren Ränken gefangen;
Einen gewaltigen Feind, von dem bis itzo die Perser
Kaum den Nahmen gekannt. Schon sind drey Jahre verflossen,

V. 243—256.

Daſs sich Asien rüstet, den stolzen Entwurf des Assyrers
Auszuführen. Sie sehen nicht, (wer auch der zürnende Gott ist,
Der sie verblendet) daſs Mediens Macht, daſs Persiens Freyheit
Ihre Sicherheit ist, und daſs die fallende Ceder
Auch die kleinern Gesträuche, die unter ihr grünen, zersplittert.
Unser Geschäft ist jetzt, der Gewalt entgegen zu gehen,
Ehe die Legionen, die selbst ihr Führer nicht zählet,
Mediens Auen zertreten. Die Sache, die wir verfechten,
Ist die Sache der Völker; in uns sind alle beleidigt.
Hört die Assyrer nun auch: dann mag der König der Inder
Zwischen ihnen und uns das Urtheil der Billigkeit sprechen!

Cyrus endigte hier. Mit stillem bewunderndem Beyfall
Hörten die Inder ihm zu, so lange die liebliche Rede
Wie ein nektarner Strom von seinen Lippen herab floſs.

V. 157—168.

Sanfte Gespräch' und Scherze, die gern um duftende Becher
Flattern, verkürzten hierauf die stillen nächtlichen Stunden,
Und betrogen den Schlaf. Der Morgen des folgenden Tages,
Und des Königs Befehl, der kein Verzögern erlaubte,
Weckte die Fremden. O wär' uns vergönnt, so sagten sie scheidend,
Dir auf der Bahn der Ehre von fern, o Cyrus, zu folgen!
Aber uns winkt der Befehl, von dem wir hangen, schon wieder
Weg von dir; wir werden die schönen Thaten nicht sehen
Die du thun wirst; uns ist nur erlaubt, den jauchzenden Nachhall
Deines Ruhms an den Ufern des Indus erschallen zu hören.

Also die Inder. Mit Reden antwortender Freundschaft entläſst sie
Cyrus, und geleitet sie selbst zum Assyrischen Lager.

V. 269—282.

Unterdefs schwangen sich noch drey Tage mit friedsamen Flügeln
Über Arbela's Gefilde. Die äufsersten Wachen der Perser
Sandten umsonst von den Höhen des Bergs in die neblichte Ferne,
Wo sich das feindliche Lager am Ufer des Zerbis herauf zog,
Spähende Blicke, dem Anbruch des grofsen Tages entgegen,
Der noch zögert' ihr Schwert mit Assurs Blute zu tränken.
Aber am vierten Tag, als Cyrus, vom Morgen umdämmert,
Einsam auf einem der waldigen Hügel gedankenvoll irrte,
Kam Araspes, ein Medischer Jüngling, mit fliegenden Schritten,
Und mit glänzendem Antlitz voll Freude, die Botschaft zu bringen,
Dafs beym Aufgang der Sonne das feindliche Lager sich aufthat
Fluten von Kriegern ins offne Gefild Arbela's zu schütten.

Lächelnd fragt ihn der ruhige Held: Gesteh' es, Araspes,
Schauderte nicht dein Blut in der pochenden Ader zurücke,

V. 283—296.

Als sie vor deinem Aug' aus dem unerschöpflichen Lager,
Heer' auf Heere, sich stürzten? — Mit scherzendem Blicke versetzt ihm
Rasch der Jüngling: Wenn fürchtet der Löwe die Menge der Schafe?
Deine Gefährten verlernten bey dir vor Gefahren zu beben,
Sollten die Weichlinge Babels sie schrecken? — Der heutige Tag wird
Für uns reden, sprach Cyrus. Itzt eile, versammle die Häupter
Unsers Heeres zu mir. — Araspes entweicht, und der Feldherr
Bleibt auf dem Hügel gedankenvoll stehn. Indessen durchfähret
Schnell wie ein laufender Blitz das frohe Gerüchte die Zelte,
Daſs die Feinde sich nahen. Ein lautes Frohlocken erhebt sich
Aus den Gezelten, und schallt wiederhohlt von den Felsen zurücke.
Ungestümes Verlangen ergreift die Männer, ihr Auge
Suchet den Feind; der umlorberte Sieg, der ewige Nachruhm
Schwellt mit stolzer Verachtung des Todes die ahnenden Seelen.

V. 297—309.

Aber die Führer des Heers, die Häupter von Hundert und Tausend
Und Myriaden versammeln sich schnell, von Araspes gerufen,
Um den Fürsten. Mit scharfen, die Seele durchforschenden Blicken
Überschaut er sie alle, dann spricht er: Wir haben die Feinde
Muthig durch unser Zögern gemacht, sie kommen nun selber
Uns zu suchen. Was rathet ihr mir, ihr Männer? Was fordert
Unser Vortheil, was fordert die Ehre? Wen sollen wir hören?

Cyrus sagt' es und schwieg. Ein ungeduldiges Feuer
Schien aus den Augen der meisten die kühne Antwort zu blitzen,
Als Pandates, ein Meder, an Jahren der erste, das Wort nahm:

Ist's mein Blut, das zu träg die schlaffen Adern hindurch schleicht,
Oder ist's Vorsicht, was mir das erste zu rathen gebietet?
Zwar ich kenne die Seele, die deine Perser erhitzet,

V. 310—323.

Kenne die Macht, womit sie dein Nahme zu Thaten dahin reiſst,
Und das entschloſsne Vertrauen, die Frucht des groſsen Gedanken,
Daſs der Liebling der Götter sie führt. Ich weiſs es, dein Beyspiel
Könnte das feigeste Herz mit kühnen Entschlieſsungen schwellen.
Aber, ach! was vermag ein kleiner Haufe von Kriegern,
Wären sie Göttersöhne, wie am Skamander einst kämpften,
Gegen unzählbare Mengen, die, gleich dem gefabelten Drachen,
Jedes sinkende Haupt mit hundert neuen ersetzen?
Sind wir gekommen, die Medischen Grenzen vor feindlichem Anfall
Sicher zu stellen, so lasset uns hier ein Lager behaupten,
Das der bewaffneten Hälfte der Welt zu trotzen im Stand ist.
Sicher können wir hier die Pforte des Zagrus beschützen,
Bis Chaldäa und Persis mit neuen Schaaren uns stärket,
Oder die Boten des Indischen Königs den Frieden vermitteln.

V. 324—336.

Da er so sprach, umwölkte sich jede verfinsterte Stirne,
Und ein zürnend Gemurmel, wie wenn in Wolken ein Sturmwind
Fernher brauset, verrieth den edeln Unmuth der Männer
Über den feigen Rath. Vor allen ergrimmte Farnazes,
Unter den Persern der feurigsten einer. Die Seele des Jünglings
Dürstete Ruhm; ihm däuchte das Schlachtfeld ein lustiges Dafne,
Lorbern zu sammeln; Lob, durch schöne Gefahren errungen,
War für sein Ohr Sirenengesang. Mit Mühe befahl er
Seinen Zorn von der runzelnden Stirn und der Lippe zurücke,
Die sich ungestüm öffnet', als Cyrus mit mächtigem Blick ihn
An sich selber erinnert'. Erröthend sprach itzt der Jüngling:

O des unmännlichen Raths! Wie? Darf Pandates es wagen,
Ihn zu geben? Und wem? — Zwar hier beschützt dich dein Alter;

V. 337—350.

Aber nimm dich in Acht, daſs unsre Krieger nicht hören,
Daſs dein Rath vorm Feind sie in sichre Verschanzungen einschlieſst,
Wie man zu weichen Verschnittnen die weibliche Herde verschlieſset,
Sicher des männlichen Blicks. Wie lange lechzet das Heer schon
Ungeduldig dem Tage des Streits, des Sieges entgegen!
Oder sollen die Jünglinge Babels, die zierlich gelockten
Balsam düftenden Knaben, die, kürzlich vom üppigen Busen
Ihrer Dirnen gerissen, aus goldnen Helmen itzt lächeln,
Sollen die männlichen Weiber, geübter zu Kämpfen der Venus
Als zur blutigen Arbeit der Schlacht, (o feiger Gedanke!)
Sollen uns diese den Sieg entwenden? Der Persische Falanx
Soll erzittern? Vor wem? Vor jenen weichlichen Händen,
Einzig gewöhnt zum Lydischen Tanz auf silbernen Saiten
Und um den Nacken der Mädchen zu fingern? — Die zürnende Wange

V. 351—363.

Glüht mir vor Scham! — Doch nein! nicht diese sind es, Pandates,
Welche dich schrecken; die Sklaven sind es, die bebenden Sklaven,
Die Neriglissor aus hundert Provinzen zusammen getrieben,
Fremd in den Künsten des Kriegs, und besser zum Fliehen bewaffnet
Als zum Gefecht; ein nackender Haufe, den keine Belohnung,
Keine Ehre, kein Vaterland reitzt, kein Cyrus, zu siegen,
Oder den schönen Tod durch rühmliche Wunden zu suchen.

Also sagt er. Mit spottender Stimm' und trotziger Miene,
Welche sein innerstes Herz nur halb vor Cyrus verlarvten,
Rüstete sich der Meder zur stolzen künstlichen Antwort;
Aber ihm kam der Feldherr zuvor: „Es ist nicht vonnöthen,
Unsre Gesinnung durch Worte zu zeigen, wenn Thaten uns rufen.
Eure Tugend, ihr Männer, und unsre geheiligte Sache

V. 364—377.

Sind mir Bürgen des guten Erfolgs. Ich säume nicht länger,
Euch den Feinden entgegen zu führen. Ein längeres Zögern
Würd' uns in ihren Augen den Schein der Furchtsamkeit geben.
Sie vermuthen wohl nicht, daſs wir, die Schwächern an Anzahl,
Kühn genug sind sie selber zu suchen. Die heutige Sonne
Wird die Obergewalt der Tugend über die Menge,
Wird vorm Antlitz der Erde des Himmels Urtheil entdecken!
Und was soll ich den Helden itzt sagen? Was bleibet mir übrig
Als die Sorge, mich selbst der Ehre würdig zu zeigen
Euer Führer zu seyn? — Hat mir der Vater des Schicksals
Irgend ein gröſseres Glück im dunkeln Schooſse der Zukunft
Aufbehalten, so wird es mir, Freunde, nur darum ein Glück seyn,
Um es mit euch zu theilen, den würdigen, treuen Gefährten
Meiner Arbeit. Indeſs soll meinem spähenden Auge

V. 378—391.

Keiner entgehn, der sich durch edle Thaten vor andern
Eifernd hervorthut; und, tief in meinem Busen verwahret,
Soll ihr Gedächtniſs mich stets der würdigen Thäter erinnern.
Eilet itzt, und versammelt das Heer zum schleunigen Aufbruch.
Nähret die krieg'rische Flamme, die ihre Seelen erhitzet.
Redet sie einzeln an. Zeigt jenen glänzende Ehren
Winken am Ziel der rühmlichen Bahn; verbreitet vor diesen
Alle Schätze des feindlichen Lagers, die Zelte von Purpur,
Goldne Gefäſs' und Waffen von Gold, und blühende Mädchen,
Willig, die müden Sieger in ihren Arm zu empfangen.
Mahlet mit weislich gewählten Farben den Persern und Medern
Jeden die Hoffnungen vor, die ihre Sehnsucht entzünden.
Jeden locket sein Trieb. Nur wenigen Söhnen des Himmels
Ist es gegeben, den Reitz der nackten Tugend zu fühlen."

V. 392—405.

Da er so sprach, da stieg die göttliche Seele des Helden
Sichtbarer in sein Antlitz hervor, und haucht' in die Männer
Neue erhabnere Trieb', als welche sie sonst in sich fühlten;
Grofse Gedanken! sie glänzten wie Götter unter der Menge
Ihrer eignen. Ein buntes Gedräng von Scenen voll Ehre,
Goldne Trofäen, und Kronen, vom Haupt der Tyrannen gerissen,
Unter der Siegenden Fufs — die Tyrannen, machtlos, entgöttert,
Tief in den Staub zu Würmern gedrückt — entfesselte Welten,
Völker, festlich geschmückt, zu beiden Seiten sich drängend
Ihre Retter zu schau'n, mit Palmen den Weg zu bestreuen,
Schweben um ihr begeistertes Aug'; ihr lauschendes Ohr hört,
Scharf wie Sinne der Geister, aus tiefer Ferne die Stimmen
Später Jahrhunderte tönen, und auf den Flügeln des Ruhmes
Ihre Nahmen, gesellt zum Nahmen Cyrus, erschallen.

V. 406—418.

Itzo vertheilen sie sich, von solchen Gedanken erhoben,
Schnell durchs wimmelnde Lager. Indem sie entweichen, spricht Cyrus
Zu Pandates: Dir sey die Sorge das Lager zu schützen,
Nebst Tiridates, vertraut. Nie scheucht die blendende Hoffnung
Alle Besorgnifs aus meinem Gemüth. Wir werden hier immer
Sicherheit finden, wenn irgend ein Wechsel des flüchtigen Glückes
Unsre Beständigkeit prüft. Er sprach's, und verliefs den Meder,
Der in sich selbst triumfiert, dafs seiner brütenden Seele
Schwarzes Geheimnifs dem schärfsten Blicke des Helden zu tief lag.

Schon war alles bereit, als Cyrus ins Lager zurück kam.
Froh, voll glückweissagender Ahnung im heitern Gesichte,
Geht er mit munterm Schritt durch lange glänzende Reihen,
Die ihn zu beiden Seiten mit lautem Jauchzen empfangen;

V. 419—432.

Lobt mit belohnenden Worten den Muth des Volkes, die Ordnung
Ihrer geflügelten Eil', und die Schönheit der spiegelnden Waffen;
Lobt auch die Weisheit der Edeln, die ihre gehorchenden Schaaren
So zu bilden vermocht. Jetzt breitet der Persische Falanx
Seine Flügel um ihn, ein würdiger Haufe von Cyrus
Selber geführt zu werden. Mit Beyfall winkenden Blicken
Schaut er die Reihen hindurch, und nimmt die Stelle des Feldherrn
An der Stirne des Heers. Sie sehn ihn mit stiller Entzückung
Unverwandt an, wie er, furchtbar in seiner spiegelnden Rüstung,
Unter den Helden an hoher Gestalt und Schönheit hervorragt.
Wie auf Libanons Rücken die Ceder unter den Tannen
Ihren gekrönten Wipfel erhebt, und hoch aus den Wolken
Über die Wälder umher den Riesenschatten verbreitet;
Also stand er. Itzt schallt der silberne Klang der Trompete.

V. 433—446.

Schnell mit eilendem Fuſs und gleichen harmonischen Schritten
Geht der gewaltige Zug. Das Jauchzen der Männer, das Klingen
Ihrer Waffen, vermengt mit dem Schall der krieg'rischen Flöten,
Schlägt die bebende Luft. Die Nymfen des felsigen Zagrus
Jauchzen von fern den Eilenden nach. Nie sahe der Erdkreis
Einen glorreicheren Zug. So herrlich war nicht die Reise,
Welche Sesostris that, vor Cyrus der Könige gröſster,
Als er mit seinen Trofäen die blutende Erde zu decken
Auszog, und vom Ganges bis an den Dacischen Ister
Über bezwungne Völker einher fuhr, und Sklaven in Purpur
Durch die Thore von Memfis den Wagen des Schrecklichen zogen.
Cyrus ging nicht, vom Geist des unmenschlichen Stolzes getrieben,
Freye Völker in Bande zu werfen, nicht blühende Städte,
Goldne Tempel der Künste des Friedens, in Asche zu legen,

V. 447—460.

Nicht die Erde zum einsamen Grabe, zur Urne des Staubes
Ihrer Erwürgten zu machen. Dich rief des Vaterlands Stimme,
Göttlicher! auf, dich rief das Wimmern des zärtlichen Säuglings
An der bebenden Brust, die Unschuld der Jungfrau, der Mütter
Heilige Keuschheit, der Knabe, der schon zur Tugend des Vaters
Seinem Vaterland wuchs, die zitternde Stimme des Greises,
Rief dich, o Held, ins eiserne Feld! Vor schnöder Entehrung
Und vor sklavischen Fesseln die Freygebornen zu schützen,
Eilst du getrost den Tyrannen entgegen, ein schützender Engel!

Heilige Tugend, nur Du erfüllst die Brust des Gerechten,
Deinen Himmel, mit göttlicher Kraft. Nichts schrecket ihn, sicher
Schaut er dem blassen Verbrecher ins Aug', und fürchtet den Arm nicht,
Der zum tödtlichen Streich sich erhebt; mit freudigen Schritten
Folgt er der winkenden Pflicht, in Gefahren und Wunden und Tode.

V. 461—474.

Nunmehr hatte die Sonne des Himmels Gipfel erstiegen,
Als die Persische Schaar aus krummen Mäandrischen Pfaden,
Durchs Gebirge sich windend, ins Feld Arbela's hervor brach.
Unabsehbar, mit Rossen und Wagen und Zelten bedecket,
That es vor ihren Augen sich auf. Die feigen Assyrer
Sehn das Gewölke von Staub, das unter der Kommenden Fuſstritt
Dunkel, gleich dem Rauch aus brennenden Städten empor wallt;
Sehen's und beben! Die Nachricht, daſs Cyrus mit Flügeln am Fersen
Gegen sie eile, (sie hörten von keichenden Spähern die Nachricht)
Hatte sie wieder zurück ins sichre Lager geschrecket,
Das sie des Morgens verlassen. So flieht die hungrige Wölfin,
Die, vom fernen Geblök der wolligen Herde gelocket,
Über die Felder mit gähnendem Rachen blutdurstend einher lief;
Knirschend flieht sie zurück, vergessend des blökenden Raubes,

V. 475—488.

Wenn sie den Löwen hört, der aus den Bergen herab steigt,
Und mit hohlem Gebrüll die bebenden Wälder erfüllet.

Als die Perser itzt sahn, daſs ihre Feinde sich wieder
Hinter die Mauern des Walls zu ihren Weibern verbargen,
Hielten sie still. Ein jauchzend Geschrey, mit dem Klappern der Schwerter
Und der Schilde vermischt, zertheilt die Wolken, und hallet
Laut im geschreckten Ohr der Babylonier wieder.
Also stehn sie, den Feind erwartend, in furchtbarer Ordnung.
Aber umsonst. Schon waren drey Stunden vorüber gegangen,
Und noch hielt der Assyrer im schweigenden Lager sich stille,
Und verschlang mit geduldigem Ohre die Reden voll Spottes,
Welche die Perser, zur Wuth sie zu reitzen, ins Lager hinüber
Riefen. Zuletzt erlag die Geduld der Männer des Cyrus.
Glühend von heiſsem Verlangen und Unmuth, drängen die Führer

V. 489—501.

Sich um Cyrus herum, und der unerschrockne Fraortes,
Einer der Persischen Führer, erhub die geflügelte Stimme:

Cyrus, die Männer sind müd in träger unwirksamer Ruhe
Ihren wallenden Muth zu verdünsten. Was säumen wir länger?
Laſs uns, daſs wir die Feigen aus ihren Höhlen, vom Schooſse
Ihrer Mütter, wohin sie entflohn, ans Tageslicht schleppen!
Also sagt er. Mit Blicken voll Lob erwiedert der Feldherr:

Edler Jüngling, du sprichst wie deine feurige Seele
Dir es gebeut! Dieſs Feuer gefällt mir; die Göttin des Sieges
Flicht nur Kränze für deines gleichen. Doch Klugheit befiehlt itzt
(Und des Tapfern Wege soll immer die Klugheit beleuchten!)
Unsern Muth im Zügel zu halten. Der Vortheil der Feinde
Wäre zu groſs, wofern wir auf ihre feste Verschanzung

V. 502—515.

Einen Anfall versuchten. Miſslingt uns der Anfall, so sind wir
Kleiner in ihrem Aug', in unserm kleiner; ihr Herz schwillt,
Und wir lernen erzittern. Itzt sind sie, glaubt mir, nicht wenig
Wegen der Zukunft besorgt. Hat nicht das ferne Getöse
Unsrer Tritte sie heut ins Lager zurücke gescheuchet?
Aber der Stolz, der beleidigte Stolz des Tyrannen von Babel
Wird nicht lange die schimpfliche Ruhe den Feigen erlauben.
Trauet nur seinem despotischen Trotz. Dem Erdenbezwinger
Steht es nicht an, sich selbst für überwindlich zu halten.
Flohen die Sklaven, so war's, weil ihrem Muthe der Anhauch
Seiner Gegenwart fehlte. Er wird nicht säumen, sie selber
Uns entgegen zu führen. Indeſs besänftigt die Hitze
Eurer Krieger. Wofern beym Aufgang der künftigen Sonne
Sich das Lager nicht öffnet, so will ich nicht länger euch hindern

V. 516—528.

Euerm Triebe zu folgen. Er sagt's, und eilt mit den Edeln
Selbst durchs murrende Heer, das wilde Verlangen der Männer
Durch beredende Künst' und gefällige Worte zu kühlen.

Schon entfärbt sich der Tag; die abendröthliche Sonne
Strahlt aus dem nahen Hain. Itzt lagern die Meder und Perser,
Stets noch bewaffnet, sich unter die Schatten der wirthlichen Palmen,
Oder ins offne Gefild, um lodernde Feuer, von Stoppeln
Oder zerstreuten Reisern genährt, und pflegen der Ruhe.
Allenthalben sind gegen das Lager, den Feind zu bemerken,
Wachen gestellt. Indeſs durchforscht der geschäftige Feldherr
(Von Tigranes und dir, Hyperanth, und Araspes begleitet)
Rings mit denkendem Auge die ganze verbreitete Gegend,
Jeden Hügel und jede Vertiefung, die Hain' und die Ebnen,

V. 529—531.

Und die Mäander des Flusses; er sieht und zeichnet sie schweigend
Tief ins Gedächtniſs; dann kehrt er, von dämmernden Schatten umhüllet,
Unter frohem Gespräch zurück zu seinen Gefährten.

ZWEYTER GESANG.

V. 1—7.

Nunmehr deckte die Nacht die schlummerträufelnden Flügel
Über die Erde; die bräunlichen Stunden in ihrem Gefolge
Schlichen mit leisem Tritt im sanften Monde vorüber.
Unter den Palmen verstreut, doch immer in streitbarer Ordnung,
Lagen die Männer des Cyrus, die Schild' und die Länge der Spere
An die Palmen gelehnt. Der Schlummernden Häupter umflattern
Krieg'rische Träume, vom eisernen Streit, von gegebenen Wunden

V. 8—20.

Und von empfangnen; die Stimme des Fürsten, die flammende Sonne
Auf des Göttlichen Helm, erhitzt sie zu Thaten; dann folgen
Scenen des lauten Triumfs der müden blutigen Arbeit.

Also schlummert das Heer. Nicht deine wachsamen Augen,
Cyrus! Dich läſst dein thätiger Geist voll himmlischen Feuers
Noch nicht ruhen, wiewohl die ersten Sterne schon sinken.
Unbegleitet erforscht er die muntre Sorgfalt der Wachen,
Und die Stille des feindlichen Walles, und giebt die Befehle,
Welche die nächtliche Sicherheit heischt. Dann nimmt ihn im Haine
Eine Laube von Laurus, zum grünen Gezelte geflochten,
Hüllend in ihren umduftenden Schatten. Die Jünglinge hatten
Ihm von Blumen ein Lager bereitet. In sanfter Ermüdung
Legt er sich hin. Die Stille der Nacht, die elysische Dämmrung

V. 21—34.

Wiegt ihn in liebliche Ruh; wie, wenn mit webendem Fittich
Friedsame Zefyrn das Meer in den Halcyonischen Tagen,
Sanft an den kräuselnden Wellen hinschwebend, in schlummernde Stille
Wiegen. Die ruhige Still' erweckt in der Seele des Helden
Jedes zärtre Gefühl, der Zukunft traurige Bilder.
Ernst und traurig, wie Schatten der Todten, enthüllen sie langsam
Ihre Schrecken vor ihm. Zerstörte Ruinen von Städten,
Stürzende Tempel, verwüstete Auen voll Todtengebeine,
Väter, die ächzend die Urne des einzigen Sohnes umfassen!
Alle Plagen des Kriegs, gedrängte Scenen voll Jammers,
Schweben um seinen erschütterten Geist. Die zärtliche Thräne
Rollt von der Wange des Menschenfreundes, indem er voll Mitleid
Weit ins Elend hinaus schaut, das über so viele Provinzen
Kommen sollte.

V. 34—48.

Vertieft in solchen Gedanken, bemerkt er
Nicht den kommenden Fuſs des Amitres
hinter den Palmen
Ihm sich nahend. Ein Greis mit dünnem silbernem Haupthaar
War Amitres, und nahe dem Ziel des rühmlichsten Lebens:
Einst der edelste Jüngling, der tugendvollste
der Männer,
Jetzt der weiseste unter den Alten. Der
nüchternen Jugend
Muntre Kräfte, durch Übung und strenge
Tugend gehärtet,
Hatten sein frisches Alter noch nicht verlassen; noch krümmt sich
Unter der Last des Helms die Silberlocke des
Greises,
Waren gleich achtzig Jahre, mit Ruhm und Thaten belastet,
Über sein würdiges Haupt geflogen. Ihm
hatte Kambyses
Und das Persische Volk die zarte Jugend des
Cyrus
Einst zu bilden vertraut. Wie der beste zärtlichste Vater
Seinen einzigen Sohn, der Söhne bester den Vater,
Liebten sie sich. Amitres vermochte nicht,
seinen Geliebten

V. 49—61.

In der Gefahr zu verlassen, in die ihn sein Vaterland sandte;
Und der göttliche Held, obgleich zur völligsten Tugend
Schon gereifet, hing noch, wie einst, mit Blikken voll Ehrfurcht
An den Lippen des Weisen. Ihm däucht' Amitres ein Schutzgeist,
Über sein Leben zu wachen und seiner geheimesten Thaten
Richter zu seyn. Vor ihm nur lag sein Innerstes offen;
Er nur hatte das Recht an den einsamen Stunden des Helden
Theil zu nehmen. Der war's, der jetzt im Lichte des Mondes
Leis' ins grüne Gezelt, unbemerkt von Cyrus, hinein trat.

Sanft bestürzt sah ihn Amitres in ernster tiefsinniger Stellung
Liegen, das Haupt auf dem stützenden Arm, und schleichende Thränen
Auf der männlichen Wang'! Ihn wird, indem er sich nähert,
Cyrus gewahr, und streckt mit erheitertem Auge die Arme

Gegen ihn aus. — „Wie kommst du erwünscht, (so ruft er) mein Vater!
Wie verlangte mein Herz nach deinem tröstenden Anblick!
Ach Amitres, es ist an der fühlendsten Nerve verwundet!
Aber von deinen Lippen floſs immer der heilende Balsam
Meiner Schmerzen.“ — Was ist's, o Geliebter, (fragte der Alte
Zärtlich besorgt) was ist's, das deine männliche Seele
So zu rühren vermag? Ich glaubt', in ruhigem Schlummer
Würdest du deine Kräfte zur Arbeit des Morgens erfrischen.

Ihm antwortet der beste der Helden: Mein Vater, mein zweyter
Theurerer Vater, du kennst von der Morgenröthe des Lebens
Deinen Cyrus. Der mächtige Zug zu meinen Verwandten,
Meinen Nächsten im weiten Bezirke der Schöpfung, hat immer
Ihre Leiden mir eigen gemacht. Nichts hielt ich mir fremde

V. 75—88.

Was die Menschen betraf; nichts kränkte mich tiefer, als wenn ich
Ohne Vermögen mich sah, der Leidenden Elend zu lindern.
Dieſs ist der Schmerz, der jetzt an meiner fühlenden Seele
Innerlich nagt. Gedanken, die nie so mächtig mich rührten,
Hat die Stille der Nacht und des morgenden Tages Erwartung
In mir erweckt: sie schliefen betäubt von der Stimme der Ehre!
Freudig ging ich, die Sache der Unschuld, des Vaterlands Sache
Auszufechten; mein Herz, von edeln Gefahren gereitzet,
Schlug den Feinden entgegen, und schmeckte schon ahnend die Wollust
Vieler Völker Erretter zu seyn. — Wie konnt' ich vergessen,
Daſs es Menschen sind, mir auch verbrüderte Menschen,
Gegen welche mein dräuendes Schwert zum Tödten gezückt ist?
Ach Amitres, es wälzt sich mein Herz im bebenden Busen,
Wenn ich den Jammer umschaue, das ganze Gefolge des Krieges,

V. 89—102.

Heere von Plagen, bereit wie uferlose Gewässer
Über die Länder von Assur zu stürzen! — Mein thränender Blick flieht
Weg vom Gefilde des Todes, vom leichenwälzenden Zerbis,
Von den Sterbenden weg, die winselnd dem langsamen Tode
Flehen — Wohin ich mich wende, begegnen mir Scenen des Elends,
Tiefer verwundendes Elend! Dort jammert, von blutigen Leichen
Ihrer Kinder umringt, die verlaſsne Mutter; die Gattin
Rauft auf dem Grabe des Mannes in thränenloser Verzweiflung
Wüthend die goldnen Locken, indem, mit kläglichem Wimmern
An ihr hangend, die stammelnden Kinder den Vater ihr fordern.
Schaarenweis fliehn vorm kommenden Feinde die alten Bewohner,
Greise mit wankendem Schritt, und Mütter von Schrecken entseelet,
Mit dem nackenden Kind an der Brust, (der Vater liegt ferne
Unter den Todten!) sie fliehn, und senden oft Blicke voll Wehmuth

V. 103—116.

In die Flammen zurück, die ihre Hütten verwüsten.
Ach was habt ihr gethan, das solche Rache verdienet?
Seyd ihr nicht Menschen wie wir, gleich fühlend für Schmerzen und Freuden,
Gleich bedürftig, zu jeglichem Glücke des irdischen Lebens
Gleich berechtigt, wie wir? — O sage, wie kann ich, Amitres,
Wie den Gedanken ertragen, auf unverschuldete Menschen
So viel Jammer zu häufen? — Und doch — so will es mein Schicksal!
Eine noch zärtere Liebe, von tausend Pflichten verstärket,
Zwingt mich, die gleichen Übel vom Haupte der Meder und Perser
Auf die Assyrer zu wälzen. Noch mehr, noch gröſserer Jammer
Ist dir gedräut, mein väterlich Land! Doch blutet an jeder
Klopfenden Ader mein Herz, daſs deine Rettung das Elend
Vieler Tausenden ist! — Hier schwieg er, und blickte voll Tiefsinn
Seufzend gen Himmel. Mit tröstender Stimm' erweckt ihn Amitres.

V. 117—130.

Quäle dich selbst nicht länger mit diesen Bildern, o Cyrus!
Lafs den Tyrannen sich quälen, den einzigen Schöpfer der Übel,
Die du beklagst! Ihn mögen sie rastlos in schreckenden Träumen
Nächtlich verfolgen! Ihm rausche das Röcheln der sterbenden Menschen,
Die er erwürgt, vom dampfenden Feld wie Donner entgegen!
Aber Du folgest der Stimme der Pflicht, dem Winke der Weisheit
Welche die Schickungen lenkt. Du bist zum Retter, zum Vater
Vieler Völker bestimmt. Der König der Wesen und Welten
Wirket, wiewohl dem Geiste nur sichtbar, in allem was lebet,
Ordnet der Sfären Lauf, den Flug des dienenden Engels,
Und die Geburt des Wurmes im Staub. Die Thaten der Menschen
Liegen, noch eh' sie geschehn, vor seinen Blikken enthüllet.
Unsrer Schwäche vergessend, vertieft in eignen Entwürfen,
Wähnen wir, selbst die Erfinder und unabhängigen Schöpfer

V. 131 — 144.

Unsrer Thaten zu seyn, und rühmen uns ihres Erfolges.
Eitler Stolz! Er ist's, der erste Beweger der Dinge,
Dessen geheime Begeistrung uns treibt. Ins Herz des Gerechten
Haucht er den edeln Entschlufs. Er straft die Sünden der Völker
Durch die Verbrechen der Fürsten, die Fürsten durch ihre Verbrechen.
Was dem sterblichen Aug' ein Übel scheinet, im Plane
Seiner Weisheit wird es ein Gut; durch göttliche Künste
Zieht sie ein gröfseres Gut selbst aus den Folgen des Bösen.
Cyrus, mir sagt's mein Herz, du wirst die traurigen Folgen,
Allen Jammer des morgenden Tages, in Wonne verwandeln;
Wirst das Seufzen der Trauer in Jubelgesänge verwandeln,
Und mit ewigem Frieden sein ganzes Schwestergefolge,
Überflufs, Künst' und Freuden, und jede gesellige Tugend,
Jedes irdische Glück, dem frohen Orient geben.

V. 145—158.

Durch dich wird es der Himmel vollziehn! Es ist mir, ich sehe
Einen dämmernden Strahl die Nacht der Zukunft erheitern.
Cyrus, die Nazionen, der alten Dienstbarkeit müde,
Seufzen schon lange nach einem Erretter. Mit offenen Armen
Werden sie dich empfangen, dich Schutzgott nennen! Dein Nahme,
Nicht dein Schwert, dein Nahme, dein Anblick wird sie erobern.
Herrlicher Ausgang! Du gingst, nur deine Freunde zu schützen,
Und du wirst Macht erhalten, aus Feinden Freunde zu machen.
Nicht dein dankbares Persis allein, unzählbare Länder
Werden dich segnen, und, Cyrus, durch dich beseliget werden.
Zwar dieſs alles ist noch mit Dunkel umhänget. Der Weg ist
Lang und verwirrt, mit Gefahren umzäunt, auf dem du empor steigst;
Aber ein würdiger Preis und unverwelkliche Lorbern
Winken von ferne dir zu. O möchte mein dämmerndes Auge

V. 159—171.

Dich noch sehen, mein Cyrus, wie du die goldenen Tage
Wieder den Sterblichen giebst, und dann im Frieden sich schliefsen!

Also der Greis. Mit erheitertem Antlitz umarmt ihn sein Cyrus:
„Theurer Alter, was öffnest du mir für reitzende Scenen!
Welche Aussicht in Wonne! Mir war, als hört' ich die Stimme
Eines profetischen Gottes aus heil'gen Lorbern ertönen.
O wie selig, wofern dich deine Ahnung nicht täuschet,
Wäre dein Cyrus! Wie nah der hohen Unsterblichen Wonne
Grenzte sein Glück! — Ich erröthe nicht, Vater, dir frey zu gestehen,
Dafs mein wünschendes Herz sich oft mit Träumen ergetzt hat,
Welche den Hoffnungen gleichen, wozu Amitres mich aufruft.
Als mich Astyages einst am Medischen Hofe zurück hielt,
(Wollichtes Milchhaar kränzte mir noch die blühenden Wangen)

V. 172—185.

Ja, schon damahls, wenn ich geblendet den strahlenden Pomp sah
Der den König umgab, die Knechte mit goldenen Ketten
Rasselnd, als wären sie stolz auf ihre glänzende Schande;
Wenn ich es sah, was Myriaden beneidender Sklaven
Seligkeit nannten, ein träges in Wollust schmelzendes Leben,
Theure Bankette und Salben und nektarduftende Weine,
Schaaren dienstbarer Frauen, die ihre verblendenden Reitze
Eifersüchtig enthüllten, des Einzigen Wahl zu erbuhlen;
Wenn ich es sah, dann bebte mir oft, Amitres, im Busen
Meine Seele; ich staunt' und strebte die Dinge zu fassen,
Die mir Träumen gleich schienen. Wie kann ein denkendes Wesen,
Dacht' ich, sich in den Zirkel der Sinne, ins thierische Leben
Selber verbannen? die süfsesten Freuden sich selber mifsgönnen,
Die den Menschen vom Staub zum Rang der Geister erhöhen?

V. 186—199.

Wie die Gewalt, im weitesten Kreise den Enkeln der Enkel
Gutes zu thun, ein Schöpfer, ein Vater der Völker zu werden,
Ungebraucht lassen? Wie kann er vergessen, (erinnert nicht täglich
Jedes Bedürfniſs ihn dran?) daſs auch ein Weib ihn geboren?
Daſs er ein Mensch ist, wie sie, auf die er als Sklaven herab sieht?
Daſs die Geburt nicht Könige macht; daſs höhere Tugend,
Höhere Weisheit nur, nicht Thronen, nicht Diadem ihn
Über die Völker erhöhn? — O hätt' ich, so wallte mein Herz dann
Oft in feurigen Wünschen empor, o hätt' ich die Allmacht
Eines Königs, wie sollte mein Herz mir Freuden erfinden!
Brüderlich wollt' ich mit tröstender Hand die schuldlose Thräne
Von der Wange des Kummers wischen; der stammelnde Waise
Sollte mir Vater stammeln; nur Thränen des Dankes, der Wonne
Sollten aus jedem frohen Gesicht entgegen mir glänzen.

V. 200—213.

Jede Tugend, jedes Verdienst, wohin es sich immer
Vor mir verbärge, versammelt' ich dann in glänzenden Reihen
Rings um mich her; die Besten, die Weisesten sollten mir helfen
Glückliche Völker zu machen. Wie unbegrenzt, o wie vergötternd
Würde die Wonne dann seyn, die meine Seele durchströmte!
Also dacht' ich, Amitres, und wünschte den reitzenden Träumen
Wirklich zu werden. Den einzigen Wunsch erlaubte die Tugend
Meinem Herzen; und oft, wenn einsame Schatten mich hüllten,
Glaubt' ich, mir flüstre mit Zefyrlippen der Himmlischen einer
Ein profetisches Ja zu meinen zärtlichen Wünschen.
Und was darf ich nicht hoffen, da jetzt Amitres sie billigt?
Doch ich schweige! — Der ewige Vater der Geister und Menschen
Kennt was gut ist. Vor ihm verstummen meine Begierden!
Seine Winke zu spähn, und standhaft sie zu vollziehen,

V. 214—225.

Sey mein erstes Geschäft! — Mich soll, (so hast du, Amitres,
Meine Jugend gelehrt, so ziemt's dem glücklichen Jüngling,
Den du zum Menschen gebildet!) mich soll der beste der Wünsche
Keinen Schritt dem ebenen Pfade der Tugend entlocken!"

Also besprachen die Weisen sich unter einander. Indessen
Hatte die braune sanft schleichende Nacht schon über die Hälfte
Ihres Laufes durchmessen. Itzt sahen sie zwischen den Bäumen
Einen Jüngling sich nahn. Araspes war es. Ihm hatte
Cyrus befohlen, mit seinem gehorchenden Haufen von Medern
Und Chaldäern, sich fertig um diese Stunde zu halten.
Und nun eilt' er herbey, und sprach die geflügelten Worte:
Cyrus, wir stehen bereit; die Männer glühn von Verlangen

V. 226—238.

Irgend zu einer rühmlichen That gesendet zu werden.
Sage, welch Unternehmen soll diese Stunde bezeichnen?

Ihm antwortet der Held: Du siehst den waldigen Hügel,
Der dort das Thal zur Linken beherrschet. Die Vorsicht der Feinde
Hat ihn mit Kriegern besetzt. Dir ist die Ehre bestimmet
Sie zu vertreiben, mein Freund. Die Nacht begünstigt den Anschlag.
Sieh, ein schwarzes Gewölk umhüllt den Wagen des Mondes;
Alles schläft im Assyrischen Lager. Du, eile, Geliebter,
Eile, wohin die Tugend dich ruft!

Mit dankender Freude
Fliegt der Jüngling hinweg. So fliegt ein feuriger Adler,
Wenn er vom lüftigen Wege zur Sonn' in tiefer Entfernung
Einen Drachen erblickt, der, unter den Blumen verborgen,
Schlummert; er schiefst durch den Äther herab, und fafst den erwachten

V. 239—251.

Sträubenden Feind: vergeblich schwingt er die zackige Zunge,
Hebt vergeblich den blutigen Kamm; der Sieger durchwühlt schon
Seine gespaltete Brust, und saugt die blutenden Adern.

Unter dem Schleier der Nacht und mitternächtlicher Wolken
Zieht Araspes, vertheilt in kleine schwärmende Haufen,
Zwischen dem Weidengebüsch, das die Hörner des Flusses umkränzet,
Ungesehn fort. Den Fuſs des Hügels, von dem er die Feinde
Treiben sollte, bespülte die silberne Welle des Zerbis;
Steile, verwachsene Pfade, mit dornigen Hecken verwebet,
Wanden sich unzugangbar hinauf. Die sichern Assyrer
Lieſsen sie ohne Beschützung, und lagen vom Schlafe gebunden
Über den Hügel zertreut. Nur gegen die Seite des Thales
Hatten sie Wachen gestellt. Araspes wuſst' es; auch hatt' er

V. 252—265.

Ausgeforscht, wo der seichtere Strom den Durchgang erlaube.
Dorthin führt er die Männer. Sie gleiten über den Sand hin,
Der den Boden bedeckt, nur wenig über die Knöchel
Von den Wellen umflossen. Dann schleichen sie, stets vom Gebüsche
Und von Wolken beschützt, die krummen Mäandrischen Pfade
Schweigend hinauf, und achten es nicht, daſs stechende Dornen
Ihre durchbrechende Faust und die rauhen Wangen zerritzen;
Schwierigkeit reitzt den männlichen Muth. Mit schwitzender Arbeit
Ist nun der Hügel erstiegen; Araspes erstieg ihn der erste.
Leise versammeln sie sich, von jungen Fichten verborgen,
Auf der Höh', und schöpfen begierig die blumige Nachtluft,
Die zur Arbeit sie stärkt. Dann spricht Araspes zu ihnen:

Brüder, ihr fühlet mit mir, wie sehr der göttliche Cyrus
Uns vor allen geehrt, indem er dieſs kühne Geschäfte

V. 266—278.

Uns vertraute, das blutige Vorspiel des kommenden Tages.
Seine Wahl ist das herrlichste Lob, die schönste Belohnung
Unsrer Müh', um den Beyfall des Ersten der Menschen zu werben.
Möchten wir itzt, Gefährten, des Beyfalls würdig uns zeigen,
Den er uns gab! — Und ihr, die diese Schatten bewohnen,
Holde Nymfen, verzeiht, wenn wir mit feindlichem Blute
Eure geheiligten Stämme beflecken! Ein stärkerer Gott lenkt
Unsern Fuſstritt hierher; wir folgen dem Glücke des Cyrus!

Da er dieſs sagt, bewaffnet er seine nervige Rechte
Mit dem entblöſsten Schwert, mit dem scharfen Dolche die Linke.
Jeder enthüllt den mörd'rischen Stahl, und schwingt ihn dem Blitz gleich
In der schimmernden Luft. Der Mond, sein Angesicht wieder
Aus den zerflieſsenden Wolken erhebend, erheitert des Haines

V. 279—292.

Nächtliches Dunkel zu silberner Dämmrung. Nun öffnet der Wald sich.
Um und um sehen sie zwischen den Bäumen die feindlichen Krieger,
Auf die Schilde gestützt, den Boden bedecken. Aus kalten
Nordischen Wäldern, wo ewiges Eis die Gipfel bedecket,
Hatte sie Baktra gesandt, gigantische Leiber, von wilden
Trotzigen Seelen belebt; die Haut des fleckigen Panthers
Hing die fleischigen Schultern herab, Herkulische Keulen
Dräuten in ihrer sennigen Faust. So lagen sie furchtbar,
Gleich dem schlummernden Löwen. Die muthigsten unter den Medern
Schauern vor ihrem Anblick zurück. Was zaudern wir länger?
Folget mir, ruft Araspes, und stöſst den zakkigen Wurfspieſs
In die Gurgel des nächsten, der vor ihm, am knorrigen Stamme
Einer Eiche gelehnt, mit rückwärts hangendem Haupte
Schlummerte. Brüllend erwacht er, und blitzt aus grimmigen Augen

V. 293—306.

Tödtende Rach'; umsonst! er speyt in purpurnen Strömen
Seine Seele, dem blutlosen Arm entsinket die Keule
Die er dräuend noch faſst. Vom Beyspiel des Führers erhitzet,
Stürzt sich die ganze Schaar auf die ungewahrsamen Feinde.
Ungestraft wüthet ihr fressendes Schwert. Ein Augenblick würget
Hekatomben. So fielen vordem die Assyrischen Schaaren,
Als, in die Schrecknisse Gottes gehüllt, der Todesengel
Mit dem flammenden Schwert durch ihre stillen Gezelte
Unsichtbar ging, und die Feinde des Herrn bey Tausenden würgte.
Doch bald weckte das wilde Geschrey der sterbenden Baktrer
Ihre Gesellen. Sie raffen sich auf, wie ein Tieger erwachet,
Wenn er den Pfeil des Jägers im brennenden Eingeweid fühlet.
Bebend, mit neblichtem Blick, aus dem Bestürzung und Grimm blitzt,
Schau'n sie umher, und sehn die Scenen des Todes, die Leichen

Ihrer Brüder, und tausend gezückte bluttriefende Schwerter
Gegen sie blitzen. Mit lautem Geschrey ergreifen sie zitternd
Ihre Waffen, und taumeln in dichte Haufen zusammen,
Stürzen dann unter den Feind. Das erste Opfer der Rache
War Korasdes, ein Medischer Jüngling. Ihn hatte den Auen,
Die der Amardus bespült, sein feuriger Ehrgeitz entrissen.
Überdrüssig der üppigen Ruh, in welcher sein Leben
Unberühmt schmolz, entwand er sich muthig den schmeichelnden Armen
Seiner zärtlichen Braut; unerweicht von den Klagen des Mädchens,
Unerbittlich dem flehenden Blick, und den ahnenden Thränen,
Riſs er sich los, von der Zaubergewalt des Ruhmes bezwungen.
Ach! ihn weint, seitdem er entfloh, das liebende Mädchen,
Sieht im schreckenden Traume des Jünglings blutigen Schatten,
Und verschmachtet in ängstlicher Trauer. Dich täuschet dein Traum nicht,

V. 321—333.

Zärtliche Schöne! Du wirst ihm nicht stolz mit deinen Gespielen,
Kommt der Sieger zurück, entgegen eilen; er sinket
Unter der schmetternden Keule des riesengleichen Axandras,
Dafs sein Gehirn, mit Blute vermischt, die Meder beflecket,
Die ihm zu Hülfe sich drängen. Doch eh' der Herkulische Baktrer
Von dem gewaltigen Streich sich erhohlt, durchbohrt ihn dein Wurfspiefs,
Schneller Hidarnes: er stürzt und erschüttert den zitternden Boden
Durch den gigantischen Fall. Itzt heben sich hundert Arme,
Die den Erschlagnen zu rächen, und die den Sieger zu schützen.
Furchtbar raset der Streit. Der Mond erblafst und verhüllet,
Sanftern Scenen zu leuchten gewohnt, sein Antlitz in Wolken.

Unterdefs sieht Araspes die Meder, von Siegesbegierde
Fortgerissen, zu feurig ins wilde Gedränge sich werfen.

V. 334—346.

Eilends ruft er die Streiter zurück, und sammelt die kühnsten
Rings um sich her. Sie hatte Chaldäa zum Streite gesendet;
Söhne des Kriegs, vertraut mit jeder blutigen Arbeit.
Spere von furchtbarer Länge, mit zweyfach schneidenden Eisen,
Starrten in ihrer nervigen Faust. Ein schrecklicher Falanx
Stehen sie, dicht geschlossen, und kehren die eiserne Brustwehr
Gegen den Feind. Dann stellt Araspes die Meder zur Seite,
Mit dem Schilde bedeckt, und dem krummen Säbel bewaffnet.
Jenen befiehlt er im Sturm mit vorgehaltenen Speren
Auf die Stirne des dichtesten Schwarms der Baktrer zu stofsen,
Diesen mit flüchtiger Wendung dem Feind in die Seite zu fallen.

Plötzlich enthüllt sich die blutige Scene. So schnell wie ein Donner
Bricht die Chaldäische Schaar mit unaufhaltbarer Stärke

V. 347—360.

Unter die Riesen von Baktra; vergebens schwingen sie grimmvoll
Ihre Keulen, und drängen umsonst sich dichter zusammen,
Unwiderstehlich durchbohrt die eiserne Länge der Spere
Ihre nackende Brust, und wirft sie in Schichten zu Boden.
Auch die Medische Schaar dringt, von Araspes geführet,
Unter sie ein, und mäht mit dem breiten gesichelten Schwerte
Reihen hinweg. Entsetzliche Ströme von dampfendem Blute
Rinnen den Hügel hinab. Die Stimme der bangen Verzweiflung
Spaltet die Wolken, und heulet von fern in den Klippen zurücke.
Todesangst spornt die Wilden, sie taumeln blutlos wie Schatten
Über Hügel von Sterbenden weg. Die jauchzenden Sieger
Folgen erhitzt, und heften den Tod an der Fliehenden Fersen.
Wenigen half die günstige Nacht sich durch die Gebüsche
Wegzustehlen. Sie keichten dem Lager die schreckende Botschaft.

V. 361—367.

Endlich ermüdet das Schwert. Der schmetternde Klang der Trompete
Ruft die Sieger zurück. Araspes umarmt sie, belohnet
Jedes Verdienst mit feurigem Lob, und theilt sich in Sorgen
Für die Verwundeten; setzt an seine Statt Arasambes
Über das Volk. Er selbst kehrt durch die Mäandrischen Pfade
Wieder zurück, das schönste von allem, was sterblichen Ohren
Reitzend ertönt, verdientes Lob von Cyrus zu hören.

DRITTER GESANG.

V. 1—7.

Unterdeſs stieg der Herold des Tages am däm-
mernden Himmel
Einsam herauf. Vom Schlummer besiegt lag
Cyrus im Haine
An der Seite des göttlichen Greises. Ihm nähert
sein Schutzgeist
Sich mit leisem ätherischem Tritt; dann steht
er und heftet
Blicke voll Huld, mit Bewundrung gemischt, auf
des Schlummernden Antlitz.

Sey mir gesegnet! (so dacht' er bey sich)
Wie athmet die Ruhe
Deiner Seelen aus dir! Wie sanft ist der Schlaf
des Gerechten!

V. 8—21.

Von Gefahren umringt, am dunkeln Rande des Todes
Schlummert er sicher, im lächelnden Traum! O sey mir gesegnet,
Bester der Menschen! Bald wirst du an Macht, wie an Güte, die Gottheit
Unter den Sterblichen bilden. Wie könnte dich, Cyrus, die Tugend
Schöner belohnen? Dein kühnstes Verlangen erreichte die Höhe
Dieser Seligkeit nicht, die aus den Wolken herab steigt,
Dich zu umfangen. Zwar kennest du noch den hohen Beruf nicht,
Der zum Vollzieher der göttlichen Schlüsse, zum Rächer des Bösen
Und zum Hirten der Völker dich weiht. Du wagst es nur furchtsam
Jener geheimen Ahnung zu trauen, die oftmahls mein Anhauch
In dir erweckte. Doch nun (so ist des Ewigen Wille!)
Soll ein Traumgesicht dir der Zukunft Scenen enthüllen.

Also denkt er und breitet itzt sanft sein goldnes Gefieder
Über den Schlummernden hin. Ambrosische, süſse Gerüche,

V. 22—55.

Süſs wie der Rosenathem des himmlischen Frühlings, entfließsen
Seinen Schwingen. Mit englischer Kunst bereitet der Schutzgeist
Aus dem ätherischen Duft die hohen profetischen Träume,
Die er ins Haupt des Schlafenden sendet. Itzt däucht es dem Helden,
Mitten auf einem verbreiteten Feld voll Todtengerippe
Einsam zu stehn; zerstreute Gebeine, mit modernden Schädeln
Gräſslich vermengt, bedeckten die blutgeschwärzten Gefilde.
Schauernd ging er hindurch, und siehe, die dürren Gebeine
Leben rings um ihn auf, und sprossen in laubichte Stämme;
Plötzlich umgrünt ihn von Lorbern ein Hain. Unzählbare Schaaren,
Jünglinge, blühende Töchter und freudenthränende Greise,
Eilen hervor aus dem Hain, und streuen Blumen und Palmen
Ihm in den Weg, und grüſsen ihn Retter; ein freudiges Jauchzen
Füllt triumfierend die Himmel umher. Dann führt ihn die Menge

V. 36—48.

Segnend, in frohem Gedräng zu einem strahlenden Throne.
Menschen von fremder Gestalt, von fremden Sprachen und Sitten,
Eilen herbey, ein buntes Gewimmel! Vom krummen Eufrates,
Von den Traubengeländern des Margus, vom duftenden Saba
Und aus Libanons cedernen Schatten, vom waldigen Taurus,
Vom Gestade des goldnen Paktols, und den blumigen Auen,
Welche die Jonische Welle bespült, vom üppigen Cyprus,
Und vom beperlten Busen des Persischen Meeres; unzählbar
Kommen sie, sein Gesetz zu empfangen, und jauchzen ihm Vater.
Um und um scheint die Natur sich ihm zu verschönern; die Ströme
Hören von fern des Gebietenden Ruf, zu sandigen Wüsten
Ihre befeuchtenden Wellen zu tragen. Die friedsamen Meere
Schwellen von wallenden Segeln; der goldne Überfluſs strömet

V. 49—61.

Unerschöpflich umher durch alle Adern des Reiches.
Cyrus sah es, und fühlte die Wonne der Götter im Busen.

Itzo däucht ihn, er eile mit schlüpfendem Gang, die Provinzen
Seines Reiches zu schau'n; der Traum beflügelt die Reise.
Tausend wechselnde Scenen ergetzen mit ändernder Schönheit
Seinen forschenden Blick — bebaute Felder und Anger,
Weiſs von wolligen Herden, und stille elysische Haine,
Wo sich die Unschuld in Hütten gefällt; dann marmorne Städte,
Die sich am Ufer der Ström' und spiegelnder Seen verbreiten,
Mütter der Künste, vom Witze belebt, der, kühn und erfindsam,
Eifert mit der Natur. Hier sah er des Elfenbeins Weiſse
Unter der bildenden Hand in Heldengestalten erwachsen;
Dort auf Reihen kolossischer Säulen unsterbliche Tempel,

V. 62—75.

Und Obelisken von grauem Porfyr, mit redenden Bildern
Seiner Thaten bedeckt, sich in den Wolken verlieren;
Dort Myriaden geschäftiger Hände, den silbernen Kotton
Oder des Seidenwurms zähes Gespinst in bunte Tapeten
Künstlich zu weben, und Byssus im Blute der Purpurschnecke
Zweymahl zu tränken. Die Wissenschaft öffnet dem rastlosen Fleiſse
Neue Pfade; umsonst verhüllt vor den Blicken der Weisen
Sich die Natur, sie dringen in ihre geheimeste Werkstatt.
Auch den Musen gefällt's, den Schwestern der Freyheit, im Schatten
Seines beschirmenden Throns. In ihrem sanften Gefolge
Kommen die Grazien alle, die feinern sittlichen Freuden,
Und der zarte Geschmack, der Prüfer des Schönen und Edeln.
Was das gesellige Leben beglückt, die Künste, die Freuden
Zirkeln von Land zu Land. Die milde Seele des Friedens

V. 76—88.

Athmet in allen, und schmelzt unzählbare Völker in Eines,
Ein harmonisches Volk, durch Sitten, weise Gesetze,
Und das stärkste Gesetz, das Beyspiel des Fürsten, gebildet.

Alles das schildert der Traum vor seinen bezauberten Augen.
Flüchtig, wie sich am Halse der Tauben die Farben verwechseln,
Ändern die lieblichen Scenen sich ab, in bunter Verwirrung,
Doch in den hellesten Farben des Lebens. Die Seele des Helden
Schwimmt in frohen Gesichten, und staunt, ob's etwann ein Traum sey,
Was sie entzückt. Indem er noch staunt, umleuchtet sein Antlitz
Plötzlich ein himmlischer Glanz; die Gestalt des göttlichen Engels
Schwebt ihm entgegen, und spricht mit mächtig begeisternder Stimme:

Cyrus, du siehest das Reich, zu dessen unsterblichem Stifter
Dich Oromasdes erwählt: so werden die glücklichen Länder

V. 89—101.

Unter dir blühn, so wird der Friede die Völker umfassen,
So wird Ordnung und Freyheit und willige Tugend, die Tochter
Deiner Gesetze, die Menschen zu ihrer ursprünglichen Güte
Leiten; so wird die Liebe der Völker, der reitzende Anblick
Ihres Glückes, dein Herz mit Götterfreuden belohnen!
Laſs den hohen Gedanken dich stärken! Dich führet, o Cyrus,
Unsichtbar, aus den Wolken gestreckt, des Allmächtigen Rechte!

Da er dieſs sprach, entschlüpft er dem Auge des Sterblichen wieder,
Und die Bilder des Traums zerflossen in Düfte des Morgens.

Wie die Seele des Frommen, der itzt, vom letzten der Kämpfe
Mit dem Tod ermüdet, in sanftem Schlummer sein Haupt neigt;
Unterdeſs windet, von Schauern des neuen Lebens ergriffen,
Sich in süſser Betäubung sein Geist vom sterblichen Leibe;

V. 102—114.

Wenn er dann, plötzlich erweckt, sich im Arm der Unsterblichen findet,
Die mit zärtlichem Blick ihm lächeln und Bruder ihn nennen;
Um und um schimmert von Engelsgestalten der Äther, sein Auge
Schaut ins Unendliche hin, sein Ohr hört himmlische Töne,
Hört aus tiefer Entfernung die Harmonien der Sfären;
Wie er sich da in Entzückung erhebt, und seiner Empfindung
Kaum die Wirklichkeit zutraut, und zweifelt, ob's nicht ein Traum war
Als er zu leben vermeinte: so hob von seinen Gesichten
Cyrus sich auf, und schaut voll Wunder dem fliehenden Traum nach.
Noch erschüttern ihn heilige Schauer, noch schimmern die Bilder
Um sein Auge, noch rührt ein Nachklang der englischen Lippen
Säuselnd sein Ohr. Erstaunen und süfse Bestürzung und Freude
Fesseln auf Augenblicke die mächtige Seele des Helden.

V. 115—128.

Aber bald reiſst sie sich los, versammelt ihre Gedanken
Alle zu sich, und prüft die Wunder des göttlichen Traumes.
Dann erhebt er sein Auge gen Himmel, und heil'ges Entzücken
Breitet sich über sein Angesicht aus. Hier bin ich, so ruft er,
Wer du auch bist, gewiſs der Diener des Ewigen einer,
Der du vor meinem Geist der Zukunft Heiligthum aufthatst!
Welch ein Gesicht! Welch himmlisches Feuer durchglüht mich! Wer hauchet
Diese Seele mir ein? Ja, Vater der Geister, du selber
Hauchst sie in mich! Du bist's! Ich fühle deiner Umschattung
Unaussprechliche Ruh, ich hör' im innersten Busen
Deine Stimme! Sie weihet mich ein zum heil'gen Geschäfte,
Unter den Menschen dein Engel zu seyn, dein Werkzeug, der Erde
Gutes zu thun. — Wo ist, wo ist von allen Erschaffnen
Einer glücklich wie ich? Zu welcher Tugend, zu welchen

V. 129—141.

Göttlichen Pflichten, zu welchem Bestreben, dir selber von ferne
Ähnlich zu werden, berufest du mich! Mit frohem Gehorsam
Eil' ich die Wege zu gehn, wo deine Rechte mich leitet.

Also wallet sein Herz, von seiner erhabnen Bestimmung
Mächtig entzückt, in Empfindungen auf; unsterblicher Muth schwellt
Seine Adern; sein Angesicht glänzt wie die herrschende Stirne
Eines Engels. So geht er hervor, die Befehle zu geben,
Daſs sich das Heer, und mitten im Heer die Führer versammeln.

Unterdeſs ruht noch furchtsame Stille mit bleyernen Flügeln
Über dem feindlichen Lager. So sinken des Oceans Wogen
Vor dem nahen Orkan in stumme tödtliche Stille;
Ängstlich sehen die Schiffer am äuſsersten Kreise des Himmels
Sich das schwarze Gewölk mit Untergang schwanger herauf ziehn;

V. 142—154.

Eilend fleucht es, von Stürmen gejagt, schon donnert das Rauschen
Ihrer Flügel von fern, den Schiffern erstarrt vor Entsetzen
In den Adern das Blut, die Kniee schwanken, der Busen
Keicht vor Angst, die Ruder entsinken den bebenden Händen:
Also bebten vor banger Erwartung die Sklaven von Assur.

Auch du bebest, Tyrann! und todweissagende Schrecken
Stören, die Nacht hindurch, auf dem weichen seidenen Lager
Deinen wollüstigen Schlaf. Vergebens umduften dein Antlitz
Nardus und Ambra, vergeblich erschallen aus Lydischen Flöten
Schmelzende Töne, dein Herz in süſsen Schlummer zu wiegen.
Innerlich nagt in der Brust des Ungerechten die Unruh;
Kein Sirenengesang besänftigt die stürmische Zwietracht
Seiner miſshelligen Triebe; kein Lob, von sklavischen Lippen

V. 155—168.

Zugejauchzet, betäubt die innerlich strafende Stimme.
Bis ins Lager auf Rosen, in wollustathmender Weiber
Üppigen Arm, verfolgt die unerbittliche Sorge
Seine Seele. Dann bebt sein Gebein, und dunkle Gesichte,
Bilder der angstvollen Zukunft, umflattern die starrende Stirne.
Aber itzt naht im Dunkel der Nacht sein böser Dämon
Sich dem Verbrecher, und haucht ihm ins Herz betrügliche Ruhe.
Mächtig erwacht sein Stolz, und seiner gefürchteten Gröſse
Süſses Bewuſstseyn — „Ich winke, so waffnen sich Welten voll Sklaven,
Zürnt mein drohender Blick, so werden sie vor mir zu Staube" —
Diese Gedanken erheitern ihn wieder. Sein schwellender Unsinn
Spottet der Thoren, die ihm in seinem Grimm zu begegnen
Kühn genug sind. Schon sieht er sie blutend am Boden sich wälzen;
Schon zermalmet im hohen Triumf sein goldener Wagen

V. 169—180.

Ihre Häupter, schon bebt vor seinem Nahmen der Erdkreis;
Schon erhebt sich der Thron des Königs der Könige furchtbar
Auf den Trümmern der Welt, und wirft den entsetzlichen Schatten
Über die Himmel umher. — In solche Träume gewieget
Überrascht ihn der Tag. Er rafft sich vom schlaflosen Lager
Ungestüm auf, und winkt aus tausend bepurpurten Sklaven,
Welche der Morgen im Vorgezelt sammelt, dem hohen Gadates,
Der die Assyrer führt, dem gröfsten unter den Fürsten,
Die mit entlehntem Glanze den Thron des Tyrannen umgaben.

Ehrfurchtsvoll naht sich Gadates, so wie sich heuchelnde Priester
Einem vergötterten Bilde, dem heiligen Schrekken des Pöbels,
Feierlich nahn. Die edlere Seele des fürstlichen Mannes

V. 181—192.

Sträubt sich in seiner Brust der Unterwerfung entgegen,
Welche sein Angesicht lügt. Itzt hört er die herrschende Stimme:

Hast du, Gadates, die Feinde bemerkt, wie schüchtern die Kühnen
Hinter die Schatten des Hains sich verbergen? Der Anblick des Lagers
Kühlte den feurigen Muth. Sie hatt' ihr zürnendes Schicksal
Ihrem Verderben entgegen geführt. Heut sollen sie bluten.
Rüste das Heer, Gadates, und bring den Fürsten der Völker
Meinen Befehl. So bald der Sonnenwagen den Gipfel
Jenes Hügels ersteigt, eröffnet das Lager, und führet
Eure Schaaren hervor. Ich will den trotzenden Anblick
Länger nicht dulden! — Doch ist mein ernster Wille, Gadates,
Dafs ihr des Persers schont, des Jünglings, der sich erkühnt hat,

V. 195—205.

Mir in Waffen entgegen zu gehn. Mit Fesseln belastet,
Soll er meinen Triumf durch Babylons Strafsen begleiten!

Also sagt er, von Stolze berauscht. Zu den Füfsen des Herrschers
Ausgestreckt, und sein Antlitz mit beiden Händen verhüllend,
Giebt der Satrap ihm die Antwort: Dein Wink, o Abglanz der Gottheit,
Ist mein Gesetz. Befiehl, so soll der Erdkreis in Waffen
Mich nicht schrecken. Mein feurigster Stolz, was kann er sich wünschen,
Als die Ehre, vor deinen umschauenden Blicken zu siegen,
Oder zu sterben? — Doch, zürne nicht, Herr, der bebenden Kühnheit
Deines Sklaven! — Die Feinde, die deinem erhabenen Auge
Nur wie ein Schwarm von Gewürmen erscheinen, sie sind in den Augen
Deiner Völker Unsterblichen gleich. Der Nahme des Cyrus
Macht sie zittern, der Schatten der Perser erschreckt sie von ferne.

V. 206—219.

Diese Perser, auf die nicht umsonst ihr Führer so kühn ist,
Sind Vertraute des Kriegs; sie spotten der Arbeit, der Wunden,
Spotten des Todes; der blutige Krieg ist ihnen ein Lustspiel.
Ihre Seelen, von Stolz und schwärmender Liebe des Traumes,
Den sie Tugend nennen, geschwellt, sie kennen die Furcht nicht:
Für ihr väterlich Land, für Ehre und Freyheit ihr Leben
Auszuathmen, scheint den Unbezwingbaren süſser,
Als in üppiger Ruh Unsterblicher Tage zu pflegen.
Laſs nicht Wolken des Grimms auf deiner Stirne mich schrecken,
Wenn ich es sag', o Herr, was deine schüchternen Sklaven
Alle verschweigen. Mir öffnet mein feuriger Eifer die Lippen.
Fordre mein Blut, es fleuſst! Nicht ungerochen, nicht ruhmlos
Soll es flieſsen! — Doch, Herr, ich traue dem Glücke nicht alles,
Hat es dich gleich noch niemahls getäuscht. Was haben wir nöthig

V. 220—232.

Einem einzigen Tage den Ruhm so vieler Triumfe
Anzuvertrauen? Was zwingt uns im offnen Felde zu kämpfen?
Laſs den Persischen Muth an diesen Wällen sich brechen!
Schwächer an Anzahl, werden sie über dem Angriff des Lagers
Wie der Schnee vor der Sonne zerschmelzen. Der zögernde Aufschub
Ist uns Sieg, dem Feind ein unvermeidlich Verderben.

Hier unterbricht ihn mit flammendem Blick Neriglissor: Verzagter,
Bist du gekommen mich beben zu lehren? Wen fürchtest du, Sklave?
Sind sie Götter, vor denen du mich ins Lager verschlieſsest?
Schleudern sie Blitz' in der furchtbaren Hand, und tödtet ihr Auge?
Fleuſst aus ihren Wunden kein Blut? — Und wären sie Götter,
Donnerten Blitz' in den furchtbaren Händen, so sollen sie dennoch
Meine Triumfe vermehren! — Was konnten die Götter der Syrer

V. 233—245.

Wider mich? Wer vermochte vor mir die Araber zu schützen?
Wer die Hyrkaner? Was half es dem wilden, unbändigen Sazer,
Daſs er in seiner nervigen Faust entwurzelte Tannen
Gegen uns schwang? Sie fielen, und ihre gigantische Stärke
Schützte sie nicht! Wer soll denn von mir die Perser erretten?
Ist nicht das Schnauben der Rosse, die mich unzählbar umgeben,
Sie zu verwehen genug? Die Kleinheit des schimpflichen Feindes
Kränkt mich allein! Der Ruhm, sie überwunden zu haben,
Macht den Bezwinger der Völker erröthen. — Hinweg denn, Gadates!
Fleug, den Befehl zu vollziehn, der meinen Lippen entflohn ist;
Laſs die goldne Trompet' ihn durch die Heere verbreiten.

Also sprach er, und wandte sein Antlitz. Mit stummer Verachtung
Eilt der fürstliche Sklave den stolzen Befehl zu vollziehen.

V. 246—258.

Unterdeſs hatten die Edeln, die Führer der Perser und Meder,
Mitten im Heer sich versammelt. Da trat in glänzender Rüstung
Cyrus unter sie hin, und sprach mit erhabener Stimme:

Freunde, der Tag, auf den ihr so lange mit Ungeduld harrtet,
Strahlt itzt herauf. Ein himmlischer Traum befiehlt mir den Angriff,
Und verspricht uns den Sieg. Ihr wiſst es, der Himmel begünstigt
Nur den Gerechten und Tapfern. So hab' ich in Jahren voll Proben
Euch bewähret. Ihr seyd's, und unsre vom Himmel beschützte
Redliche Sache, was mir an diesem entscheidenden Tage
Diese Sicherheit giebt, die euch mein Anblick verkündigt.
Möcht', ihr Brüder, der groſse Gedanke mit göttlicher Allmacht
Eure Seelen ergreifen: „Er selbst, der Schöpfer des Guten,
Streitet mit uns! Wir sind zu seinen Engeln geweihet.

V. 259—272.

Er errettet durch uns die Völker, die itzt ihr Leben
Unsrer Tugend vertraun, zerbricht durch uns der Tyrannen
Eisernes Joch, und sendet durch uns den himmlichen Frieden,
Dafs er auf tausend Geschlechter, durch Längen von goldenen Zeiten,
Segnend die ganze Fülle der irdischen Seligkeit giefse!
Glückliche Tage, mit Freuden, die niemahls welken, umkränzet,
Warten auf uns!" — O dann, dann, meine Brüder, wird's süfs seyn,
Sich der vergangnen Arbeit, der durchgekämpften Gefahren,
Wieder von fern zu erinnern, und sich am innern Bewufstseyn
Seiner Thaten zu weiden! Die schöne Tugend bedarf nicht
Fremder Reitze, die Seelen mit unaussprechlicher Liebe
Zu entzünden; ihr fühlt es, wie ich, sie belohnet sich selber.
Dennoch ergetzt sie sich auch am Beyfall der Edeln und Guten.
Lieblich schallet das Lob, das schöne Thaten begleitet,

V. 273—286.

In die Seele, die sich des Lobes werth zu seyn zeuget;
Dann erhebt sie, von ihrer gefühlten Würde beflügelt,
Über die ersten Versuche sich weg, und ringet wetteifernd
Mit sich selber, und steigt von einer Gröſse zur andern.
O was fühl' ich in mir, da mein befriedigtes Auge
Euch überschaut, euch alle von Einer Seele begeistert,
Freunde der Tugend, in dieser weit glänzenden groſsen Versammlung
Keinen, dem nicht im glühenden Busen ein männliches Herz schlägt!
Ja, ich bin stolz, euch Freunde zu nennen, Gehülfen des groſsen
Ehrenvollen Entwurfs, den mir ein göttlicher Engel
In die Seele gelegt. Doch diese glorreiche Aussicht
Liegt noch dämmernd vor euch, mit Ungewiſsheit umnebelt,
Wie sich Gebirge von fern im blauen Dufte verlieren.
Der die Schickungen lenkt, hat weislich die Scenen der Zukunft

V. 287—299.

Vor uns verhüllt. Sie würden uns, zög' er den Vorhang zurücke,
Bald mit Übermuth schwellen, und bald zu Zagheit entnerven.
Uns ist im engen Kreise der gegenwärtigen Stunde
Unsre Arbeit vom Himmel bestimmt. Uns, Freunde, gebührt es,
Daſs wir, für den Erfolg (das Werk unsichtbarer Hände)
Unbesorgt, selbst den Weg zur bessern Zukunft uns öffnen.

Also sagt er, und schaut mit triumfierenden Blicken
Über sie hin. So sieht ein grauer würdiger Alter
Über ein edles Geschlecht, das mit dem zärtlichen Nahmen,
Vater, ihn grüſst, und itzt zu seinem Segen sich dränget;
Söhne mit Ruhm und Verdiensten umkränzt, die Erben der Lorbern,
Die sein Vaterland einst um seine Scheitel gewunden;
Sittsame Töchter, geschmückt mit jeder weiblichen Tugend,

V. 300—312.

Und ein blühendes Volk von Enkeln, die Hoffnung der Nachwelt;
Lächelnd, mit unverdunkeltem Auge, mit segnenden Blicken
Ruht er auf ihnen, dann hüpft ihm sein Herz im Busen voll Freude
Jugendlich auf, und hält sich an Glück den Unsterblichen ähnlich.

Itzt trat aus der Versammlung der erste der Persischen Edeln,
Artabanus, hervor. O Cyrus, so ruft er, wie stolz macht
Deine Perser die Ehre, vor andern, du gröſster der Helden,
Näher verwandt dir zu seyn! Das Vaterland, welches sich deiner
Rühmet, ist unser; die Schule, die dich zur Tugend gebildet,
Bildet' auch uns; wir liefen mit dir die Rennbahn der Ehre,
Eiferten deinem geflügelten Lauf mit kürzeren Schritten
Unverwandt nach, und jeder entbrannte von kühnem Verlangen,
Dir der nächste zu seyn. Du kennest uns, Feldherr! Wir wurden

V. 313—325.

Frühe gelehrt, durch Handeln zu reden. Vom Morgen der Jahre
Wurden wir, früh der Wollust entwöhnt, durch stählende Übung,
Durch Enthaltung und Zucht zur männlichen Stärke der Seelen
Und des Leibes geformt. Das Ziel, nach welchem wir ringen,
Ist, die Kürze des Lebens mit unvergänglichen Thaten,
Und mit dem schönsten Tod ein schönes Leben zu krönen.
Führ' uns, wohin Oromasdes dich führt, o Cyrus, wir folgen!

Also sagt er. Dann spricht Teribazus, der Führer der Meder:
Laſs den heutigen Tag vor deinen Augen uns richten,
Ob wir es würdig sind, in dieser Gesellschaft von Helden
Dich zu begleiten? Auch wir gehören dem Cyrus; die Liebe,
Deine Verdienste, drey Jahr' in deiner Aufsicht verlebet,
Machten dich längst zum ersten, zum unbeschränkten Beherrscher

V. 326—338.

Unsrer Herzen. Auch uns erhebt dein glänzendes Beyspiel
Über uns selbst. Hier, Cyrus, auf diesem Schauplatz der Ehre —
Alle begeistert ein gleicher Entschluſs! — hier wollen wir siegen,
Oder in Wunden für dich die dankbare Seele verhauchen.

Unter Armeniens Jugend an Muth und Würde der erste,
Eilt itzt der schöne Tigranes hervor. Sein Auge voll Seele
Hängt an Cyrus, schon streckt er, entzückt von Liebe, den Arm aus,
Ihn zu umfangen; doch plötzlich enthält er aus Ehrfurcht sich wieder,
Und ein glühendes Roth färbt seine sittsamen Wangen.
Itzt ergeuſst sich sein Herz in diese feurigen Worte:

Göttlicher Freund, wie wallt mir mein Herz von erhabenem Stolze,
Mich vor dieser erhabnen Versammlung der Ehre zu rühmen,
Daſs du mich liebst — der gröſsern Ehre, (ist anders noch eine

V. 339—352.

Gröſser) daſs die Natur mein Herz so fühlend erschaffen,
Dich zu bewundern! O Cyrus, seitdem mein seliges Schicksal
Dir zum Gefährten mich gab, seitdem erst fühl' ich mich selber.
Ohne dich wäre mein Leben in trägen weiblichen Freuden
Ruhmlos vorüber gewelkt. Du lehrtest die Gottheit mich ehren,
Die im Busen uns schlägt, und, üppiger Ruhe gehässig,
Sich durch edle Versuche das Land der Götter eröffnet.
O wie entzückt mich der süſse Gedanke, wie reiſst er allmächtig
Meine Begierden dahin, mit Dir unsterblich zu werden!
Cyrus, mit dir auf den Lippen der späten Nachwelt zu schweben!
Dann, wenn andre wie Träum' in dunkles Vergessen zerflieſsen,
Durch mein Beyspiel die Sterblichen noch zur Tugend zu reitzen!
Blendende Aussicht, vor dir, der Hoffnungen schönste, verlischet
Jeder schwächere Reitz! Du hast dem Schooſse der Wollust

V. 353—366.

Mich entrissen, der süſsen Umarmung der liebenden Gattin
Die mein Leben beglückte, dem Anblick des lächelnden Säuglings,
Der noch mit zarten Lippen, wie junge Zefyrn um Rosen,
Ihren Busen umscherzt; du hast mich dem besten der Väter,
Allem, was mir am theuersten war, der Liebe, der Freude
Willig entrissen! — Denn itzt hat eine stärkere Liebe
Meine Seele bezwungen; ein reineres Feuer durchwallet
Meine Adern: mit Dir, du göttlichster unter den Helden,
Thaten zu thun, den Tod in schönen Gefahren zu suchen,
Durch dein Lächeln belohnt, das nennt Tigranes itzt Wonne.

Also ergoſs sich sein feuriger Geist, von der Schönheit der Tugend
Mächtig entzückt. Mit brüderlich zärtlichen Blicken voll Liebe
Geht ihm Cyrus entgegen, umarmt ihn, und nennt ihn vor allen
Seinen Bruder und Freund; dann ruft er voll freudiger Ahnung:

V. 367—379.

„Heil mir! Ich sehe den Sieg in euerm Anblick, ihr Helden!
Ja, so waren sie einst, die itzt in den himmlischen Sfären
Bey den Unsterblichen sind; sie, deren göttliche Thaten
In den Gesängen der Weisen uns reitzen, die Helden der Vorwelt!
So schlug Grofsmuth, und feurige Tugend, und Liebe zum Nachruhm,
Und die erhabnere Liebe, die alle Menschen umfasset,
Mächtig in ihrer Brust! Itzt leben sie unter den Göttern,
Und bey den Sterblichen wird ihr frommes Gedächtnifs nie sterben.“

Also sagt er, und geht, an Würde den Himmlischen ähnlich,
Durch die Versammlung umher; er ruft die einen beym Nahmen,
Nimmt von andern die Hand, und spricht vertraulich mit allen,
Reitzt sie durch Lob noch mehr zu verdienen. Wohin er sich wendet,
Hört er lispelnde Stimmen der Lieb' und der leisen Bewundrung

V. 380—392.

Segnend ihm folgen. Und nun entläſst er die Führer. Sie eilen
Jeder zu seiner Schaar, und hauchen die Seele des Krieges
Unter die Männer; sie blitzt aus einem Auge zum andern
Sympathetisch! Itzt däucht es sie schön fürs Vaterland sterben;
Schön, mit Staub und Blut und rühmlichen Wunden bedecket,
Hohe Trofäen von feindlicher Beute dem Siegesgott weihen!
Also beseelt erwarten sie sehnlich das Zeichen zum Aufbruch.

Unterdeſs hatten beym Aufgang des Lichts die Persischen Weisen
Einen Altar aus Rasen von pyramidischer Bildung
Aufgethürmet, und hoch mit Reisern von Laurus und Myrten
Und mit Sabäischem Weihrauch bedeckt, das heilige Feuer
Anzuzünden, und mit dem Geruch des festlichen Opfers
Ihre Gebete gen Himmel zu senden. Der göttliche Zerdust

V. 395—405.

Hatte noch nicht aus seiner profetischen einsamen Grotte
Ihnen Gesetze gegeben; das mystische Feuer des Mithras
Brannte noch nicht auf dem ewigen Herde des magischen Tempels
In der geheiligten Stadt. Noch kannten sie keine Gesetze
Als die festlichen Sitten, von ihren Vätern geerbet,
Dafs sie die Sonne, das sichtbare Bild der unsichtbaren Gottheit,
Jeden Morgen mit Hymnen und Wolken von Weihrauch verehrten.

Alles erwartet das Opfer. Die Helme mit Laurus umkränzet,
Stand das gerüstete Heer, (so hatt' es Cyrus befohlen)
Und umschlofs den Altar. In der Mitte des feiernden Kreises
Stand der Altar, von Priestern umringt, bey ihnen der Feldherr
Und die nächsten nach ihm. Itzt brannte das Opfer. Laut schallend
Stieg mit dem süfsen Geruch der Gesang der Weisen gen Himmel:

V. 406—419.

„Sey uns gegrüſst, unsterbliche Quelle des goldenen Lichtes,
Göttlicher Mithras! Und ihr, die flammend vor ihm einherziehn,
Engel des Todes, ihr strengen Vollzieher des hohen Gerichtes,
Eilet herauf, zur Rache gesandt! Hier stehn wir und weihen
Fei'rlich vor deinem Antlitz, o Mithras, der Sache der Tugend
Unser Leben! O schau mit milden freundlichen Blicken
Auf uns herab, vom ätherischen Thron, ein heiliger Zeuge,
Daſs wir für unser väterlich Land, für Freyheit und Ehre
Unsre Seelen nicht sparen. Geuſs sanfte balsamische Strahlen
Auf die Wunden der Männer, die rühmlich ihr Leben verschwenden!
Aber den Feinden des Rechts, den Unterdrükkern der Menschen,
Zeige dich ihnen mit Schrecken umhüllt! Dein Sonnenglanz werde
Siebenfältige Nacht um ihre Augen, und jeder
Deiner Strahlen zum Blitz, der ihre Häupter zerschmettre!

V. 420—433.

Und Du, dessen verborgenen Nahmen kein Endlicher nennet,
Den kein Engel je sah, den deine Geschaffnen von ferne
Schauernd nur ahnen, mit heiligen Schauern der ernsten Entzückung;
Ja! wir fühlen dich, Schöpfer des Guten. Allgegenwärtig
Gieſsest du Schönheit und Wonn' und Licht und lächelnde Freude
Durchs Unendliche aus. Du hauchtest die Geister ins Leben
Glücklich zu seyn! Du schufst die Welten zu heiligen Tempeln,
Die du mit deinen Wundern erfüllst. Den reineren Wesen
Gabst du die Sterne, dem Menschen die Erde. Nur Gutes, nur Wonne
Flieſset aus dir. O gieb den goldnen seligen Tagen
Flügel der Engel, den Tagen, wornach die Erde sich sehnet,
Die den unsterblichen Frieden, den Sohn der Liebe, vom Himmel
Zu uns herab, begleitet von jeder Seligkeit, bringen!
Laſs sie eilen, die Zeit, da deine Schöpfung, der Spiegel

V. 434—447.

Deiner Güte, durchs Feuer von allen Flecken gereinigt,
Neu erschaffen, unsterblich, in göttlicher Schönheit hervorgeht.
Da der unbändige Krieg, in diamantene Ketten
Ewig verstrickt, mit knirschendem Zahn und flammenden Augen,
Ewig umsonst, die selige Ruh der Schöpfung bedräuet.
Dann, o Ewiger, dann wird aus den unendlichen Räumen,
Die du mit Seligkeit füllst, aus tausend harmonischen Welten,
Und von allen Geschlechtern der Geister, von allem was lebet,
Dank und Jubel dein göttliches Ohr unaufhörlich umschallen."

Also ertönte der Weisen Gesang, von Andacht beflügelt,
Durch die azurne Luft. Und Mithras (so schien es den Männern)
Bückte sich über den Wagen, von flammenden Rossen gezogen,
Lächelnd herab, und strahlt' in siegweissagender Klarheit
Ihnen entgegen. Ein Schauer des gegenwärtigen Gottes

V. 448—460.

Faſst sie; ihr Herz, von heiliger Furcht der Gottheit durchdrungen,
Fürchtet sonst nichts, und schwillt von nie gefühlten Gedanken.

Nun erlosch allmählich die heilige Flamme. Die Weisen
Traten zurück. Sogleich, vom Winke des Feldherrn beherrschet,
Fügen die Schaaren sich wieder in krieg'rische Ordnung zusammen.
Und ein glänzender Schwarm der edelsten Jünglinge sammelt
Sich um Cyrus. Er hebt sich in majestätischer Schönheit
Über sie alle. So glänzet der Mond am nächtlichen Himmel
Unter den Sternen. Ein Kranz von Lorbern, mit Rosen durchflochten,
Schlingt sich um seinen ehernen Helm. Sein feuriges Schlachtroſs
Freut sich der edeln Last; es wirft den Schwanenhals schüttelnd
Hoch in die Luft, und schieſst aus feurig rollenden Augen
Adlersblicke, und stampft mit tanzenden Füſsen den Boden.

V. 461—473.

Fliegend trägt es den Fürsten, von seinen Edeln begleitet,
An die Spitze des Heers. Armeniens flüchtige Rosse
Eilen voran; dann folgen, zu beiden Seiten geordnet,
Mediens Flügel, und zwischen den Flügeln der Persische Falanx,
Von den Chaldäischen Schaaren bedeckt. Mit freudigen Schritten
Ziehn sie daher. So eilet ein Trupp von blühenden Hirten
Hüpfend zum festlichen Tanz, wenn auf den Auen der Frühling
Jugendlich scherzt, von Freuden und Liebesgöttern umflattert,
Alle rosenbekränzt; sie fliegen mit schlüpfenden Tritten
Über die Blumen, es winkt ein Kor von lieblichen Mädchen
Gegen über, den Grazien gleich mit den Armen verschlungen.

Also eilen sie freudig einher. Ein lautes Gemurmel
Rauschet durchs Heer, wie wenn mit sausenden Schwingen ein Südwind

V. 474—477.

Über den Tannenwald rauscht. Sie rufen einer dem andern
Laut Ermunt'rungen zu, und scherzen, des Sieges versichert,
Über den Feind, der fern, durchs weite Gefilde verbreitet,
Ihnen entgegen glänzt, und bebend den Angriff erwartet.

VIERTER GESANG.

V. 1—8.

Nenne mir itzt, Xenofontische Muse, die Menge der Völker,
Mannigfaltig an Sprach' und Gestalt, an Sitten und Waffen,
Die, aus entlegnen Zonen der Erde vom herrschenden Winke
Babels gerufen, sich neben einander zu sehen erstaunten:
Nenne sie, melde die Sitten der Männer, dann gieb sie, o Göttin,
Ihrem Schicksal! — Erhöht auf dem elfenbeinernen Wagen
Sitzt der Tyrann, die bunten unzählbaren Schaaren zu schauen,
Wie sie vor seinem Aug' in sklavischer Stille vorbey ziehn.

V. 9—22.

Aus den beblümten Gefilden, durch die der Tigris sich wälzet,
Kamen zuerst die Assyrer. Ein leichter beflügelter Wurfspiefs
Schimmert in jeder schwingenden Hand, ein stählerner Köcher
Tönt auf der Schulter, ein farbiger Schild beschützet die Linke.
Einst ein mächtiges Volk, das seine gefürchteten Waffen
Bis zum Ganges oft trug; itzt kaum die Schatten von ihren
Krieg'rischen Ahnen, die einst mit Ninus die Hälfte der Erde
Unter Trofäen verbargen. — Die Schaaren, die Babylon sandte,
Folgen, von Intafernes geführt. In den Künsten des Krieges
Fremdlinge, besser geübt am frohen Trinkfest zu siegen,
Und im Mäandrischen Tanz das weibliche Lob zu erringen.
Jeder regiert ein Parthisches Rofs, mit Purpur bedecket
Und mit starrendem Gold; auf jedem vergoldeten Helme,
Der die gekräuselten Locken, von Salben triefend, umfasset,

V. 23—35.

Schwimmt ein purpurner Busch; ein Rock von
Ägyptischem Byssus,
Bunt mit der mahlenden Nadel gestickt, umflattert leicht wallend
Ihre Schultern: so ziehn sie, auf ihre weit
schimmernde Rüstung
Weibisch eitel, daher, und zeigen den Feinden
die Beute.

Leicht, mit dem runden Schild und der
schwachen Lanze bewaffnet,
Ziehen die Syrer, ein schüchternes Volk, zu
Künsten des Friedens
Von der Natur bestimmt. Sie wohnen in Libanons Schatten,
In den bezauberten Hainen von Dafne, und
unter den Rosen
Von Damaskus; in Gegenden, wo der Herbst
mit dem Lenzen
Brüderlich herrscht. Dort glänzen die Blumen
in höherem Schmelze,
Ewig grünen die Hügel von Myrten, dort kühlen nur Weste
Säuselnd die üppige Luft, und hauchen die Seele
der Wollust
Durch die Natur in Menschen und Thiere. —
Zu ihnen gesellen

V. 36—48.

Sich die Araber, geübt den eisernen Wagen zu lenken,
Oder vom Rücken des schnellen Kamels den Bogen zu spannen,
Oder ums Haupt die Schleuder zu schwingen. Sie wohnen in Zelten,
Weit durch Wüsten zerstreut, wo keine Quelle durch Blumen
Rieselt, in felsigen Klippen, die, unzugangbar, den Nachbarn
Ihre Räuber verbergen. — Mit ihnen strömen die Horden,
Welche die blühende Küste des Persischen Meeres bewohnen;
Mild, wie ihr Himmel, verbreiten sie sich an den Myrrhengebirgen
Und den umduftenden Hainen von Saba, durch lachende Fluren;
Friedsame Hirten, im Schoofs der Natur zur Einfalt erzogen,
Ungebildet, gesetzlos und fremd in den Künsten des Witzes,
Hatte sie Neriglissor dem ländlichen Frieden entzogen,
Dafs sie den Persischen Sper mit ihrem Blute befleckten.

V. 49—62.

Fern von den Ufern des Ochus, der unter
Gewölben von Eichen
Dunkel entfliesst, wo Schwärme von Bienen den
Nektar ergiessen,
Den sie dem Frühling entwandt, aus über-
fliessenden Auen,
Wo die Natur verschwendrisch dem Fleisse der
Menschen zuvoreilt,
Kam die Hyrkanische Schaar, unwillig den
ruhigen Hütten
Ihrer Väter entrissen. Noch blitzt in den Augen
der Männer
Dunkler verschwiegner Grimm, der neuen
Knechtschaft gehässig,
Welche sie Neriglissor gelehrt. Der muthige
Sarkan
Führt sie, der letzte Sprössling des alten ver-
götterten Stammes
Ihrer Fürsten. Tief naget der Schmerz an der
Seele des Jünglings,
Die sich empört, die Fesseln des Überwinders
zu tragen;
Traurig geht er mit Wangen voll Scham und
sinkenden Blicken,
Aber sein männliches Herz pocht Rache. —
Kadusiens Söhne
Kommen mit ihm, aus den kalten Gebirgen
des grauen Nifates,

V. 63—75.

Wo die rohe Natur die unverzärtelten Leiber
Nerviger bildet, und stark und freyheitathmend die Seelen.
Dennoch gelang's dem Bezwinger der Völker, sie, gleich den Hyrkanern,
Dienstbar zu machen: er würgte die edlere Hälfte des Volkes,
Daſs er die andre beherrschte. Die Herzen durch Liebe zu fesseln
Unbesorgt, hielt sich der Thor des Leibes Meister. Der Ausgang
Strafte die Thorheit. — Dann ziehen die Baktrischen Haufen, in Felle
Fleckiger Tieger gehüllt, die Zähne und Klauen vergoldet.
Frey geboren verlieſsen die Wilden den fruchtbaren Boden,
Den der Jaxart bespült, wo die fetten Auen vergebens
Ihre Bewohner zum Bauen einladen. Nach Skythischer Sitte
Nährt sie der Raub und die Jagd, unkundig der sanfteren Künste,
Welche das Leben zugleich mit den Sitten der Menschen verschönern.

V. 76—89.

Ihnen rauschen die rauhen Gandarer, der Dadiker Schaaren,
Und die Korasmier nach; unbändige Skythische Horden,
Alle geübt mit sennigem Arme die eiserne Keule
Mächtig zu schwingen, gewohnt in der tiefen Wüste den Löwen
Oder den Pardel zu suchen, und unter der zottigen Beute
Ihre Brust zu verbergen. Sie lockt die räubrische Mordlust
Und der Gewinn von fern aus ihren Gebirgen, den Fahnen
Neriglissors zu folgen. — Die Myriaden Ägyptens
Kommen nunmehr, von den Ufern des Nils, dem Lande der Wunder.
Itzt noch betrachtet mit heiligem Schauer der Fremde die alten
Unvergänglichen Werke, und glaubt in der ersten Entzückung,
Werke der Götter zu sehn. Lang' füllte der Ruhm von Ägypten
Alle Zonen der Erde. Freygebig verpflanzt' es den Reichthum
Seiner Künste in Gräciens Boden; der Weise von Kreta

V. 90—102.

Hohlt' im Tempel der Sonne das Urbild der heil'gen Gesetze,
Die ihm das Richteramt im Reiche der Schatten erwarben.
Lang' war Ägypten die Mutter der Helden, der Musen und Künste
Säugerin. Aber nicht länger! Ihr Glück verschwand mit der Einfalt
Ihrer Sitten. Die Lorbern der Ahnen, in besseren Zeiten
Mit Sesostris erkämpft, verdorrten am werthlosen Haupte
Üppiger Enkel. Unfähig, ihr väterlich Erbe zu schützen,
Schmiegten sie sich ins Joch der Könige Babels. Itzt fordert
Neriglissor, zum Dienst des menschenfeindlichen Stolzes,
Ihren unmächtigen Arm. Zwar ziehn sie in stählerner Rüstung
Schimmernd einher, mit Speren und langen Schilden beladen;
Aber die Seele, die einst in ihren würdigen Vätern
Wallte, begeistert nicht mehr die ausgearteten Söhne.

V. 103—116.

Endlich erscheinen, von Krösus gesandt, die Lydischen Schaaren,
Zart von Gefühl, mit feinem Geschmack in den Künsten des Witzes
Und der Wollust begabt. Sie verliefsen den üppigen Tmolus,
Wo der reiche Paktol durch Traubengeländer sich schlängelt,
Und den Kayster, von Schwanen bewohnt, und die reitzenden Ufer,
Welche die goldene Welle des sanften Hermus benetzet.
Ihnen folget ein buntes Gemeng Asiatischer Völker,
Alle dem Lydier zinsbar; unzählbare nackte Barbaren,
Einzig die Flucht zu vergröfsern geschickt. Die Muse verschmähet
Ihre unrühmlichen Nahmen. — Die Kappadocischen Haufen
Machen den Schlufs des gewaltigen Zugs; vom waldigen Taurus
Bis zum Euxin verstreut, ein Volk von knechtischer Seele,
Blinde Verehrer des Throns, vom unbedingten Gehorsam
Unter die Würde des Menschen hinab erniedrigt; zu blöde,

V. 117—129.

Nur an weisen Monarchen der Gottheit Bild zu erkennen.
Aribeus, der zinsbaren Fürsten des Lydiers einer,
Führt sie, ein thörichter Jüngling, im Schooſse der Weiber gebildet,
Und von Schmeichlern beherrscht. Gewöhnt, die Gröſse der Fürsten
Nach dem Schimmer zu messen, womit sie den Pöbel betäuben,
Äfft er mit eitelm Bemühn der Pracht des Sardischen Königs
Lächerlich nach, und schämt sich, an Glanz und üppigem Aufwand
Übertroffen zu seyn. Der krieg'rische Klang der Trompete
Weckte den Üppigen auf. Er hüllt die duftenden Locken
In den goldenen Helm, vertraut dem schuppigen Panzer
Seine verzärtelte Brust, und eilt, die Rennbahn der Ehre
Mit den Assyrern zu laufen. Schon träumt er glänzende Siege,
Neue Kronen, und Macht und Unabhängigkeit schmeicheln

V. 130—142.

Seinem weibischen Stolz, schon zieht er, zu früh, im Triumfe;
Aber sein Dämon lacht der unprofetischen Träume.

Solch ein Gewimmel von Menschen, und Völkerschaften, und Waffen,
Füllt' unabsehbar verbreitet die Ebnen zwischen Arbela
Und dem Gebirg'. Ein ungeheurer gigantischer Körper,
Ungeschmeidig in jeder Bewegung, aus wilden Barbaren,
Üppigen Völkern, unwilligen Sklaven und friedsamen Hirten
Unharmonisch zusammen gefügt; ein Pöbel in Waffen!
Keiner Ordnung gehorsam, in jeder krieg'rischen Übung
Ungeübt, wufsten sie nicht, mit rascher Wendung in Haufen
Sich zu vertheilen, dann schnell sich wieder zusammen zu fügen,
Nicht mit der Macht von tausend vereinigten Armen zu wirken,
Nicht den erwarteten Blick des Führers schnell zu vollziehen;

V. 143—157.

Itzt, wie ein Schwarm von Bienen, sich dicht zusammen zu schmiegen,
Itzt mit langsamem Takt, und itzt mit geflügelten Schritten
Sich zu bewegen, doch stets als ob die Menge von Leibern
Eine Seele nur rege. Wie ungleich dem Persischen Falanx,
Cyrus, von dir in den Künsten geübt, mit welchen der Römer
Später die Erde bezwang! — Welch ein fanatischer Unsinn,
Welche Furien spornten die Feigen zum Streite mit Helden?
Eines Einzigen Stolz. Ihn zu besänftigen fallen
Alle die Opfer! O blinde, der Zukunft unwissende Seelen!
Dich, Tyrann, dich treibt dein Verhängniſs! Die Furien reiſsen
Dich unsichtbar dahin, wo deine Strafe dir wartet.
Zwar, sie werden auch fallen, die jetzt in dummer Betäubung
Ihren Erretter verkennen, nicht für ihr väterlich Erbe,
Nicht für Freyheit, für Ketten und Elend ihr Leben verschwenden;
Aber dein strömendes Blut wird ihre Schatten versöhnen!

V. 158—171.

Nunmehr hatte Gadates mit schwerer Bemühung die Völker
Angeordnet, drey Heere von unabsehbarer Länge —
Erst die flüchtigen Schaaren des leicht bewaffneten Fuſsvolks,
Alle mit Reitern vermengt; dann mit den Hyrkanern die Baktrer
Und die Assyrer, bedeckt von hundert gesichelten Wagen,
Jeder mit Streitern belastet. Die Myriaden Ägyptens
Stehen in schwerer Rüstung zuletzt. Von stolzer Entzückung
Schwillt der Tyrann, indem er herab von der schimmernden Höhe
Seines Wagens die Längen des dreyfachen Heeres umschauet;
Zahlreich genug, so denkt er, zwey Erden in Flammen zu setzen.
Muthvoll wirft er alsdann auf die ferne Schlachtordnung des Cyrus
Einen spottenden Blick. Sie naht sich, kleiner zu scheinen,
Dicht ins Gevierte zusammen gedrängt. Die Assyrer erblicken
Frecher den unbeträchtlichen Feind, und wagen es wieder,

V. 172—184.

Seiner zu spotten. Die Blöden, die kürzlich der Nahme des Helden
Halb entseelte, athmen itzt wieder mit freyeren Zügen,
Beben nicht mehr, und lachen nun selbst, vom Auge getäuschet,
Ihrer vergeblichen Furcht. Indeſs durchreitet Gadates
Muthig, mit heiterm entschloſsnem Gesicht, die Längen der Reihen,
Giebt den Führern Befehl, und erhitzt die Streiter zum Siege.

Nunmehr kommen die Perser dem wartenden Feinde so nahe,
Daſs nur dreymahl der Raum, den ein Pfeil vom Bogen durcheilet,
Beide Heere noch trennt. Schnell hemmt die Stimme des Cyrus
Ihren harmonischen Schritt. Sie stehn. Ein heiliges Schweigen
Bindet das lauschende Heer, des Göttlichen Rede zu hören:

Itzt, ihr Männer, erhebet den Muth! Itzt denkt mit Entzückung
Euer väterlich Land! Itzt ruft die liebende Gattin,

V. 185—198.

Und das stammelnde Kind, und den alten würdigen Vater,
Alle vor eure Stirn! Für sie, ihr Brüder, für alles,
Was die Natur uns theurer als selbst das Leben gemacht hat,
Stehen wir hier, von der Tugend gesandt, den schönsten der Siege
Uns zu ersiegen; wo nicht, den schönsten der Tode zu sterben.
Und was sollten wir scheu'n? Wem schlägt im männlichen Busen
Tugend und Ehre, der nicht viel lieber rühmlich zu sterben,
Als in Fesseln ein schändliches Leben zu schleppen, erwähle?
Goldne Freyheit, du bestes Geschenk der allmächtigen Güte,
Inbegriff aller Freuden des Lebens, du Vorrecht der Menschen
Und der Götter, dir sollte der Mensch unedel entsagen?
Sollte mit dir, mit dem Recht an jede irdische Wonne,
Seinem erhabneren Recht an Ewigkeiten entsagen?
Frey geboren, im Schooſs der strengen Tugend erzogen,

V. 199—212.

Nur der Vernunft zu gehorchen gelehrt und den Trieben der Menschheit,
Nur zu den sanften Banden der Lieb' und Treue gewöhnet,
Sollten wir unsern Nacken vor einem Wüthenden beugen,
Der ein Säugling einst war, dem sterbliches Blut in den Adern
Rinnet, der athmet wie wir? In Fesseln sollten wir zusehn,
Wie er trotzig das Erbe von unsern Vätern verwüstet,
Unsre Weiber entehrt, und unsre Söhne zu Hütern
Seiner Sklavinnen stümmelt? — Wir sollten's sehen und leben?
O der bloſse Gedank' empört die Menschheit! O lieber
Laſst uns sterben, den Tod durch Heldenthaten verdienen,
Und ein unbefleckt Leben aus tausend Wunden ergieſsen!
Heil euch, Brüder! ich seh' die groſse Entschlieſsung in euern
Funkelnden Augen! — Doch wisset, nicht uns, den Häuptern der Feinde
Schwebt ihr Verhängniſs bevor. Der Sieg ist unser; wir gehen

V. 213—225.

Unserm Triumf entgegen. So hat im nächtlichen Traume
Mich der Unsterblichen einer belehrt. — Ja, himmlische Mächte,
Ihr, ihr schützet die Tugend! Mit euerm still wirkenden Beystand
Ist sie allmächtig wie ihr! Wir folgen euch, heilige Führer,
Die ihr, dem sterblichen Auge verhüllt, mit schirmenden Flügeln
Über uns schwebt! Ihr führt uns den Weg des Sieges; wir folgen.

Also rief er. Die Engel, die stets den Helden umschweben,
Tragen den Schall der mächtigen Worte auf säuselnden Schwingen
Durch die Reihen des Heers. Der Geist des göttlichen Führers
Fasset die Männer, er schwellt mit unbezwingbarer Stärke
Jeden gewaltigen Arm, mit triumfierender Hoffnung
Jede Seele. Nun winkt der Feldherr. Die Schaaren verstehen,
Unterrichtet, den Wink. Schnell, wie ein feuriger Blick fleugt,

V. 226—239.

Dehnt vorm Auge des Feinds der dicht geschlossene Falanx
Schrecklich sich aus. So verbreitet, mit Donner und Untergang schwanger,
Eine Wolke, die kaum in der Ferne der Wandrer bemerkte,
Plötzlich herbey von Stürmen gewälzt, am schauernden Himmel
Ihre schreckliche Nacht. Entnervt von bangem Entsetzen
Sehn die Assyrer den Haufen, der ihren betrogenen Augen
Kaum so verächtlich erschien, durchs weite Gefilde verbreitet;
Glänzende Schaaren von ehernen Kriegern, und Haufen von Rittern
Zwischen den Schaaren. Ein Wald von hohen Chaldäischen Speren
Deckt die Stirne des Heers, Armeniens feurigste Jugend
Jeden enthüllten Flügel. Sie stehn in krieg'rischer Schönheit,
Majestätisch im Antlitz des Feindes. So stehet ein Kämpfer
Auf dem Olympischen Sand, und sucht, mit Augen voll Feuers,
Einen, der kühn genug sey, mit ihm die Kräfte zu messen;

V. 240—252.

Einsam steht er, und zeigt im Triumf die fleischigen Schultern
Und den sennigen Arm; ihn sieht mit Entsetzen und Wunder
Schauernd die Menge. So standen die Perser, so sahn mit Entsetzen
Babylons Sklaven sie an. Auf einmahl entsinkt den Verzagten
Jede Hoffnung des Siegs; sie rollen die dämmernden Augen
Schüchtern umher, und ziehen den Fuſs zum Fliehen zurücke.
Ungesäumt fliegt der Persische Held an die Spitze der Schaaren
Denen Tigranes befiehlt. Wo sind die Tapfern? so ruft er;
Folget mir, Brüder! Er ruft's, und spornt sein wieherndes Schlachtroſs
Gegen den Feind. Ihm folgen die Schaaren. Der Zuruf des Helden
Schallet von Munde zu Munde. Wo sind die Tapfern? so rufet
Einer dem andern. Die leicht bewaffneten Mengen der Feinde
Warten den Anfall nicht aus. Sie fliehn in furchtsamem Taumel,

V. 253—265.

Werfen die Waffen zurück, und flattern wie Stoppeln im Sturme
Über das Feld, und Todesangst spornt der Schüchternen Füſse.

Unterdeſs eilen mit hurtigem Lauf die Chaldäischen Reihen,
Dicht geschlossen, die Spere gefällt, den Raum zu erfüllen,
Welchen die Flucht geöffnet. Ergrimmt, die Araber und Syrer
Fliehen zu sehn, befiehlt der Tyrann, die gesichelten Wagen
Gegen den Feind zu treiben. Er winkt. Mit blitzendem Donner
Stürzen sie über die Ebnen daher. Die rauhen Chaldäer
Trotzen dem kommenden Tod, vom eisernen dreyfachen Walle
Ihrer Spere beschützt. In undurchdringbarer Ordnung
Stehen sie, jeder ein Held. Die Führer der tödtenden Wagen
Sehen's, und ziehn mit bebender Hand die wallenden Zügel
Ängstlich zurück. Zu spät; die flammenschnaubenden Rosse

V. 266—279.

Stürzen unbändig dahin. Noch lassen die Söhne Chaldäa's
Ruhig sie nahen; dann dringen sie schnell mit lautem Gejauchze
Unter sie ein, und stoſsen zugleich mit eiserner Stärke
Jeder den stâmmigen Sper in die Brust der wüthenden Rosse.
Reihenweis stürzen sie nieder, und schnauben, fürchterlich wiehernd,
Ströme von dampfendem Blut; verwundet bäumen sich andre
Ungestüm auf, entschütteln die Führer den taumelnden Wagen,
Stampfen und wiehern und drehn sich im Kreis. Hier sinken die Streiter
Zwischen den Rädern hinab, die von geschliffenen Eisen
Um und um starren. Dort liegen vom stampfenden Hufe der Rosse
Andre gequetscht, und Wagen und Roſs und zappelnde Glieder
Wälzen sich über einander. Das Heulen der wilden Verzweiflung
Spaltet die Luft. Nichts schreckt die erhitzten Sieger. Sie stürmen
In das Getümmel, und fühlen im Feuer der blutigen Arbeit

V. 280—292.

Ihre Wunden nicht eher, bis endlich den kraftlosen Armen
Plötzlich die Waffen entsinken. Nicht wenige fallen. Ihr Anblick
Spornt die Brüder, und schärft die Siegesbegierde mit Rache.
Unwiderstehlich dringen sie ein. Die blutenden Rosse
Wenden sich um, und rennen gesetzlos, der Führer beraubet,
Mitten ins Heer der Assyrer zurück. Verwirrung und Schrecken
Zeichnen die Spur der tödtenden Räder. Die feindlichen Haufen
Trennen sich, zittern und fliehn. Die Baktrischen Legionen
Stehen allein, und trotzen dem Stoſs des Medischen Flügels,
Den Teribazus führt.

Indeſs verbreitet die Flucht sich
Bis zum Herzen des Heers, wo, von Satrapen und Edeln
Neriglissor umringt, umsonst Befehle versendet,
Denen die Furcht zu gehorchen verbeut. Von der Höhe des Wagens

V. 293—306.

Sieht er das wilde Getümmel, das Würgen, den feurigen Sieger,
Und die schimpfliche Flucht. Itzt fühlt er, zum ersten Mahl schamroth,
Daſs er ein Sterblicher ist. Die Gefahr, die Schande bezwingen
Seinen monarchischen Stolz. Er springt vom Wagen, und wirft sich
Unter die Fliehenden, bittet, verspricht und dräuet und schmeichelt.
Er, der kürzlich sich über das Loos der Menschheit erhaben
Wähnte, der Stolze, sieht itzt sein Diadem und sein Leben
In der Gewalt des niedrigsten Pöbels. Von ihnen verlassen,
Ist er ein nackender Flüchtling, wie einer aus ihnen; sie sind es,
Die der Verächter der Götter um seine Rettung itzt anfleht;
Glücklich, hätten Worte, die fürstlichen Lippen entflieſsen,
Magische Kräfte, den bebenden Sklaven zum Helden zu zaubern.
Aber umsonst verschwendet er itzt die beredenden Künste,
Goldne Versprechen umsonst; die taube Todesangst stopfet

V. 307—320.

Ihre Ohren. Die Tugend allein, die Tochter der Freyheit,
Zeugt den heroischen Sinn; entadelte knechtische Seelen
Streben umsonst dem Leib zu gebieten. Nur wenige Haufen
Sammeln sich hinter dem Heer von zehnmahl tausend Trabanten,
Welches den König umgiebt. Verzweifelnd und grimmiger Wuth voll
Kehrt er zurück, und tritt, entschlossen dem Schicksal zu trotzen,
Vor die Stirne des schimmernden Falanx. In goldenen Waffen
Stehen die Krieger, und blenden das Auge der Söhne Chaldäa's,
Die im Triumfe sich nahn. Ein schwacher Funke von Ehre
Glimmt in den Sklaven auf, für ihren König ihr Leben
Muthig zu wagen; doch unter der Pracht des schuppigen Panzers
Klopft das schüchterne Herz. Farnuch (er zittert allein nicht)
Glänzt in der ersten Reih', und spornt sie mit feurigen Worten
Mächtig zum Streit. Mit lautem Geschrey und klappernden Schilden

V. 321—334.

Fallen sie auf die Chaldäer. So stürmen die rasenden Wellen,
Wenn der Südwind das Meer aus seinen Tiefen empor wühlt,
Gegen den Felsen, der hoch am unbewegten Gestade
Ihren Empörungen trotzt. Nicht unbewegter an Muthe
Beut der Chaldäer die männliche Brust den feindlichen Lanzen
Unerschreckt dar. Von neuem entflammt sich der Streit; die Trompete
Weckt die krieg'rische Wuth; das Schwirren der fliegenden Lanzen
Und der Schwerter Getön, die blitzend einander durchkreuzen,
Mischt sich dem Klang des schmetternden Erzes. Der Boden erzittert
Unter dem wilden Tumult. Orontes, das Haupt der Chaldäer,
Sinket zuerst, von dir, verwegner Farnuchus, durchbohret.
Prahlerisch setzt der Sieger den Fuſs auf den blutigen Nacken
Seines Erschlagnen, und ruft: Ihr seht es, Krieger, sie sind nicht
Unverwundbar, sie fallen wie wir vom tödtlichen Eisen!

V. 335—348.

Traut es euch selbst nur zu, sie überwinden zu können,
Und der Triumf ist unser. So ruft er, und wirft sich von neuem
Mitten unter den Feind. Von seinem Beyspiel ergriffen
Strömen die Schaaren ihm nach, und doppeln die blutigen Streiche
Auf die Chaldäer. Nicht ungerochen fallen die Tapfern,
Ganz von Wunden durchbohrt, auf Hügel von feindlichen Leichen.
Jeder entfliehende Geist geht in den Busen der Brüder
Über, und waffnet die rächenden Arme mit doppelter Stärke.
Niemahls strahltest du, Sonn', auf kühnere Thaten! Die Liebe,
Rühmlich zu sterben, ergriff die kleine Schaar der Chaldäer.
Dreymahl stürzten sie sich, mit den Schilden zusammen geschlossen,
In die Assyrer, und warfen die dichtesten Reihen zu Boden;
Dreymahl flohen die Feinde. Doch, unerschöpflich an Menge,
Setzt Neriglissor stets dem Muthe der keichenden Sieger

V. 349—362.

Frische Streiter entgegen. Itzt wären sie, müde vom Siegen
Und von Wunden erschöpft, dem Schwall der Menge gewichen,
Hätte nicht Cyrus von fern die Gefahr der Helden erblicket.
Eilends schickt er Araspes mit tausend Medischen Rossen
Ihnen zu Hülfe; ihm folgen, geführt vom kühnen Farnazes,
Tausend bepanzerte Perser, mit Schild und Säbel bewaffnet.
Schnell, wie der azurnen Luft ein himmlischer Engel zum Schutze
Eines Gerechten entsinkt, erscheint Araspes. Ein lautes
Siegesgeschrey, der Nahme des göttlichen Cyrus, verkündigt
Ihn den Bedrängten von fern. Heil euch, ihr Helden, so ruft er
Ihnen entgegen, ihr habt die Ehre der Tugend behauptet!
Ruhet itzt aus! Mich sendet vom rechten Flügel des Heeres,
Wo Gadates nur schwach die Gewalt des Siegers noch aufhält,
Cyrus, daſs ich, erhitzt von euerm strahlenden Beyspiel,

V. 363—374.

Was ihr begannet vollende. So spricht er, und wirft sich voll Feuer
In die Assyrer. Der erste, der unter den Streichen des Jünglings
Fiel, indem er zu rasch ins wilde Getümmel sich wagte,
War Merodach, ein Bruder des Königs; ihm folgten im Tode
Datis und Ixabates, und du, der Jünglinge schönster,
Die sich dem schmeichelnden Arme der Töchter Babels entwanden,
Auch du fielest, Belesis, und deine blumigen Wangen
Schützten dich nicht; du sinkst, und befleckst mit blutigem Staube
Deinen entpurpurten Mund, und die myrrhenduftenden Locken.

Rings um Araspes gedrängt, von edler Eifersucht brennend
Würgen die Meder. Es fallen die Feinde, wie unter der Sense
Seufzendes Gras. Die Perser, die Intafernes herbey führt,

V. 375—386.

Trennen mit Macht die Reihen des Feinds. Auch stehen Chaldäa's
Söhne nicht müſsig; noch wallet ihr Muth, noch schwingen sie dräuend
Ihre bluttriefenden Sper', und glühen, den Sieg zu vollenden.
Alle stürmen vereint, vom Geiste des Cyrus gespornet,
Auf den Assyrischen Falanx. Er weicht, die schimmernden Reihen
Werden zersprengt, der Sieger verdoppelt die rastlosen Streiche.
Dunkel umnebelt ihr Auge, die Furcht des Todes verschlinget
Alle Gedanken, sie wenden in dummer Betäubung den Rücken.
Taub den Bitten der Führer, dem donnernden Ruf des Tyrannen
Taub, entfliehn sie, und werfen die goldnen Waffen weit von sich.

Einsam steht Neriglissor; nur seine getreuesten Sklaven
Kämpfen noch um ihn her. Mit jedem Augenblick schmelzen

V. 387—399.

Etliche weg. Itzt fühlt er sein Loos. Der Engel des Todes
Schwingt das flammende Schwert um seine Scheitel. Verzweifelnd
Stürzt der Tyrann, an der Stirne der Wenigen die ihm getreu sind,
Unter die Meder. Sein Schwert, mit siebenfältiger Stärke
Von der Verzweiflung geführt, verschafft dem Sterbenden Rache.
Aber indem er den Arm auf deine Stirne gezückt hält,
Kühner Araspes, durchbohrt zum Tode beflügelt ein Wurfpfeil,
Von der geübten Faust des tapfern Farnazes geschwungen,
Seine vergebens umpanzerte Brust. Blutathmend entsinkt er
Seinem Wagen, der Boden erklingt von der goldenen Rüstung.
Heulend entfliehn die Sklaven, die ihn noch einzeln umgaben,
Da sie den Fallenden sehn. Er liegt verlassen im Staube.
Dreymahl rafft er sich auf und öffnet die sterbenden Augen;

V. 400—402.

Dreymahl sinkt er zurück. Die Nacht des Todes umhüllet
Seinen erlöschenden Blick, die Quellen des Lebens versiegen,
Und mit Seufzen entflieht die zürnende Seele dem Leibe.

FÜNFTER GESANG.

V. 1—8.

Unterdeſs hielt mit ermüdetem Arm Gadates den Helden
Siegesbegierig noch auf. Im ersten Sturme des Treffens
Hatt' er den Anschlag gefaſst, mit seinen Mengen die Perser
Um und um einzuschlieſsen. Die Söhne des Nils, die Hyrkaner,
Und die Kadusier sollten mit ihm die schönste der Thaten
Rühmlich versuchen, den Krieg mit Einem Streiche zu enden.

Aber der Göttliche spähte von fern des Assyrischen Führers
Stolzen Entwurf; und ruhig und schnell, wie Götter im Stillen

V. 9—22.

Wirkend den nahen Erfolg der menschlichen Schlüsse zernichten,
Kommt er dem Sichern zuvor. Er schickt mit Armeniens Rossen
Seinen Tigranes, die feindlichen Flügel zu trennen: er selber
Eilet indeſs mit den Persern, dem trägern Gegner die Flanke
Abzugewinnen. Es fleugt der Persische Falanx. Der Panzer
Und der Schwerter Gewicht und die Last des ehernen Schildes
Hält die Geübten nicht auf. Dann dreht er mit mächtigem Schwunge
Plötzlich sich um, und dehnt im bestürzten Antlitz der Feinde
Seine Linien aus. Erbittert, die Hoffnung des Sieges
Sich entrissen zu sehn, verdoppelt der kühne Gadates
Seinen Eifer. Sein Muth, sein Beyspiel, sein feuriger Zuruf
Hemmt den Schrecken, der schon die ersten Reihen verwirrte.
Auch dich, Sarkan, ergreift die Gewalt der Siegesbegierde,
Ob sich dein Herz gleich sträubt, für deinen Tyrannen zu kämpfen.

V. 23—36.

Muthig stellst du dein Heer, die wohl gewachsnen Hyrkaner,
Söhne der freyen Natur, dem ersten Angriff entgegen.
Schnell, mit flüchtigem Schritt und unerschrokkenen Blicken,
Nahen die Perser, die Brust mit dem runden Schilde bedecket,
In der Rechten das Schwert, zu blutigen Werken gezücket.
Aber noch ruhn, so befahl es der Held, die tödtlichen Waffen
In der dräuenden Faust. Auf einmahl ergieſst sich ein Regen
Schwirrender Pfeile den Männern entgegen. Doch immer geschlossen
Stürmen sie fort, und lachen der leichten Wunden. Itzt schallet,
Cyrus, dein mächtiger Ruf! Sogleich in schrecklichem Anlauf
Stürzt sich der Falanx, die dichten Schilde zusammen gedränget,
In die Hyrkaner. So rauscht aus heulenden Wolken ein Sturmwind
Auf den Tannenwald zu, und wirft die krachenden Stämme
Reihenweis nieder. Itzt hätte die Flucht und der Taumel des Schreckens

V. 37—50.

Schnell, wie in einem entzündeten Haine die wallende Flamme
Durch die Gesträuche sich wälzt, die Söhne des Ochus ergriffen,
Hätte nicht Sarkan der weichenden Schaar und dem folgenden Sieger
Mitten im wilden Gedränge sich selbst entgegen geworfen.
Wüthend, vor seiner Stirn Hyrkaniens edelste Blüthe
Unter dem Persischen Schwert ungerochen fallen zu sehen,
Rennt er, die Seelen der Brüder zu rächen, mit wallenden Zügeln
Unter den Feind. Sein einzelner Arm, von der feurigen Seele
Wie mit Allmacht geschwellt, hält ganze Schaaren zurücke.
Rastlos blitzet sein Schwert auf ihre Häupter herunter,
Schlag auf Schlag. Schon liegen Peucest und der trotzige Smerdis
Blutend im Staub; bald fallen Argast und Atys und Zedar,
Würdige Brüder, die blühenden Söhne des grauen Argantes;
Jeder, indem er voll Edelmuth sich dem Bruder zum Schilde

V. 51—63.

Vorwirft, der eignen Gefahr und der strömenden Wunden vergessend!
Um sie wird der untröstbare Greis die silbernen Haare
Raufen, und jeden Morgen und jeden traurigen Abend
Einsam mit jammernden Thränen den leeren Aschenkrug netzen.

Aber itzt naht sich dem kühnen Hyrkaner ein stärkerer Gegner,
Arasambes, der schönste nach Cyrus von Persiens Söhnen,
Und von Cyrus geliebt. Ihm hatten die Grazien alle,
Als ihn die Mutter gebar, gelächelt, die schönste der Musen
Selbst die nektarne Brust ihm unter Lorbern gereichet.
Früh entflog Arasambes den leichten Freuden der Jugend,
Weisheit im Schoofs der Natur, und in den Thaten der Helden
Dich, o göttliche Tugend, zu suchen. Oft hörten die Haine
Und der entzückte Hirt, und das rosenwangige Mädchen,

V. 64—77.

Unten im blumigen Thal bey ihren Schafen gelagert,
Wenn er vom Gipfel des Felsen, im morgenröthlichen Schimmer,
Seinen erhabnen Gesang aus silbernen Saiten beseelte.
Mit den sanftern Künsten der keuschen Musen verband er
Jede krieg'rische Tugend. Ihm pflegte Cyrus zu rufen,
Wenn die Zeit den Behenden, den Klugen, den Tapfern verlangte.
Dieser war's, der sich den siegenden Arm des Hyrkaners
Aufzuhalten getraut'. In silbernen spiegelnden Waffen
Tritt er ihm kühn entgegen. Sie schauen schweigend einander
Mit Bewunderung an, und jeder wünscht sich den Gegner
Lieber zum Freund. Doch fordert die Pflicht itzt andre Gedanken.
Hartes Geschick! Die Tugend, die ihren verschwisterten Seelen
Liebe gebeut, befeuert sie selbst zu feindlichen Thaten.
Ungesäumt rüsten sie sich, den edeln Kampf zu beginnen.

V. 78—91.

Jeder umfaſst den Schild, und hebt zu tödtlichen Streichen
Hoch den schimmernden Stahl. So laufen sie gegen einander.
Unter der Kämpfenden Fuſs ertönt die Erde, die Schilde
Stoſsen zusammen, die mächtigen Hiebe durchkreuzen sich klappernd,
Prallen vom Schilde zurück, und glitschen am schlüpfrigen Helme
Fruchtlos herab. Dir, Sarkan, gelingt's, den Persischen Jüngling,
Da er zu feurig dich preſst, zuerst an der wächsernen Schulter
Leicht zu verwunden. Erhitzt vom Anblick des sprudelnden Blutes
Das vom Arme herab ihm rieselt, rafft Arasambes
Jede zerstreute Kraft zu Einem Streiche zusammen,
Den er dem Haupt des Hyrkaners bestimmt. Doch, Sarkan, dein Schutzgeist
Wacht, zur Seite dir schwebend, den mörd'rischen Schlag zu verhindern.
Eh' noch das Persische Schwert den Helm des Hyrkaners berühret,
Wirft sich, für beider Leben besorgt, ein Haufen von Streitern

V. 92—104.

Zwischen die Helden. Sie zürnen umsonst, die Wellen des Krieges
Reifsen sie stürmisch hinweg, und öffnen dem Muthe der Kämpfer
Andre Scenen zum Sieg.

Dort, wo der göttliche Perser
Mit Gadates noch ringt, enthüllt sich die blutigste. Sarkan
Eilet dahin, den Bedrängten zu Hülfe. Die Tapfern verschwenden
Fruchtlos ihr Blut, das besser die Sache der Freyheit zu schützen
Angewandt wäre; sie toben umsonst dem Helden entgegen,
Den der Himmel beschützt, für den die Unsterblichen streiten!
Alles weicht der unsichtbaren Macht. Sein furchtbares Schwert blitzt
Tod und Verderben umher. — Doch, Muse, ziehe den Vorhang
Über die blutigen Thaten! Verhülle den Todesengel,
Dessen rächenden Arm die strenge Gerechtigkeit führet.
Oder bezwingt dich der Reitz, den Unerschrocknen zu sehen,

V. 105—117.

Wie er mit ruhigem Blick die Blitze des Donnerers schleudert,
Wie er, mitten im Sturm, des Heeres Bewegungen lenket,
Alles umschaut und alles besorgt und alles beseelet:
Göttin, so laſs den Augen, die voll entzückter Bewundrung
Deinen Liebling beschaun, mitleidige Thränen entfallen;
Thränen, daſs den Gerechten, den liebenden Bruder der Menschen,
Wider sein Herz die eiserne Noth zum Würgen gezwungen!

Doch nicht dann nur allein, wenn sein wohlthätiges Lächeln
Wonne den Völkern verheiſst, auch wenn er zürnet und tödtet,
Ist er des Ewigen Bild. Dich selbst, o Vater der Wesen,
Geber der Freude, die sich aus deiner unendlichen Fülle
Durch die Welten umher zu allen Erschaffnen ergieſset,
Dich selbst nöthigt die Wuth der Störer deiner Gesetze,

V. 118—131.

Wenn sie das Zögern der Strafe zu neuen Empörungen anreitzt,
Oftmahls von der entheiligten Erde dein Antlitz zu wenden.
Dann erblasset der Tag, dann beben die Pfeiler der Erde
Und die Inseln des Meers, dann schwellen die siegenden Wogen
Über die Ufer empor, die berstenden Felsen zerschmelzen,
Flammend thut sich der Acheron auf, und sündige Städte
Taumeln mit ihren Bewohnern hinab. Die goldnen Paläste,
Wo mit der Wollust der Geitz und die unersättliche Raubsucht
Wohnten, die marmornen Tempel, wo vor vergötterten Lastern
Seiner Priester ein schwärmendes Volk im Staube sich wälzte,
Stürzen krachend hinab. Das Heulen der Todesangst winselt
Aus den Ruinen herauf. Umsonst, der zürnende Himmel
Höret sie nicht! Vergeblich entfliehn die nackenden Schaaren,
Bleichen Gespenstern gleich, dem tausendfältigen Tode,

V. 132—143.

Der sie von allen Seiten umstürmt, in wüthenden Flammen
Lodert, in Wassern braust, und aus den Wolken herab stürzt.

Schon wich alles dem Persischen Sieger. Die Schaaren von Babel
Waren zertrennt, und deckten in blutigen Schichten den Boden:
Als das Geschrey vom Tode des Königs gegen die Seite,
Wo Gadates noch stritt, sich wälzte. Die schreckende Nachricht
Eilet von Mund zu Mund, verkündigt den Sieger Araspes,
Und des Tyrannen Fall, und die Niederlage der Baktrer.
Plötzlich entsinkt den Männern der Muth; das Schicksal des Königs
Und der Hälfte des Heers verkündigt ihnen ihr eignes.
Alle fliehen. Vergebens bemüht sich Gadates, mit Ordnung
Sie zurücke zu ziehn; die taumelnde taube Bestürzung

V. 144—156.

Höret den Führer nicht mehr. Auf blutbezeichneten Wegen
Fliehn sie, verstreut, wie der Zufall sie treibt, zum bebenden Lager.

Aber nicht minder vom Sieg, als jene vom Schrecken beflügelt,
Setzt Teribazus den Fliehenden nach. Armeniens Rosse,
Leicht geschenkelt wie die, die, von Frühlingswinden empfangen,
Thraciens lüftige Höh'n mit ihrem Wiehern erfüllen,
Rennen wetteifernd den Medischen vor. Selbst Persiens Söhne
Folgen dem reifsenden Schwall, wiewohl des Panzers und Schildes
Eherne Last sie hemmt. Nur Cyrus bleibet noch einsam
Auf dem Schauplatz des Todes zurück. Mit trauernden Blicken
Sieht er sich um und seufzt, und stille Thränen, von Engeln
Aufgefasset, entschleichen den braunen Wangen des Siegers.
Schauernd, mit bleicher Stirn, von der der Heldenschweifs träufelt,

V. 157—170.

Steht er und schaut umher, vergifst des Sieges und jammert
In sich selber verhüllt. Itzt wollten in heiligem Zorne
Seine Lippen sich öffnen, dem Ungerechten zu fluchen,
Dessen versöhnendes Blut itzt mit dem Blute der Opfer
Seines unseligen Stolzes sich mischte. Doch fafst' er sich plötzlich
Wieder, und schwieg, und sah mit tiefen Blikken gen Himmel
Und mit gefaltetem Arm. — „O Vater der Götter und Menschen,
Schaue herab! — O lafs die bessern tröstenden Tage
Eilen, die Wiederbringer der Ruh und der friedsamen Ordnung,
Ganz dem heil'gen Geschäfte, die Menschen glücklich zu machen,
Ganz dem Frieden geweiht! — —
Aber noch sind sie fern. Dein unerforschliches Schicksal
Fordert noch Blut. Noch ruft der Tugenden schwerste, der Pflichten
Strengste mich auf." — So denkt er, und steht in traurigem Tiefsinn

V. 171—184.

Und in Wehmuth versenkt. Ihm schwebt sein himmlischer Führer
Ungesehen zur Seiten, und haucht balsamische Lüfte
Um sein Antlitz, und Ruh und belohnende Freuden der Tugend
Tief ins besänftigte Herz. Der Held erhebt itzt sein Auge
Wieder, dann senkt es sich auf die edeln Leichen der Perser,
Die um ihn her, von Wunden erschöpft, die muthigen Seelen
Ausgehaucht hatten. Bewundrung und sanfte Trauer vermischt sich
Glänzend im thränenden Blick. Wie sind, so ruft er, die Helden,
Ach! wie sind sie gefallen, die würdigen Schützer der Freyheit!
Doch ich klage nicht Euch! Ihr fielet edel, mit Wunden
Für die gerechte Sache geschmückt. Den schönsten der Tode
Gab euch das Schicksal zu sterben: itzt öffnet die Wohnung der Götter
Sich im Triumf den Söhnen der Tugend, unsterbliche Feste
Mit den Geistern zu feiern, die auch durch göttliche Thaten,

V. 185—198.

Würdig des Danks der Erde, des Himmels würdig sich machten.
Nein! ich klage nicht euch! Für dich, mein Vaterland, fliefsen
Meine Thränen. Du hast die würdigsten deiner Söhne,
Deine Beschirmer, verloren. Verzeiht, glorwürdige Schatten,
Dafs wir den Jubel, die Freuden des Siegs, die glänzenden Früchte
Euers wohlthätigen Todes, mit menschlichen Thränen beflecken!
Hier auf diesem geheiligten Boden, hier, wo ihr geblutet,
Soll den Wolken entgegen gethürmt ein marmornes Denkmahl,
Ringsum mit goldnen Waffen behangen, der dankbaren Nachwelt
Ihre Retter erzählen! So oft die Sonne zurück kommt,
Soll ein festlicher Tag mit Spielen der krieg'rischen Jugend,
Euerm Gedächtnifs geweiht, die späten bewundernden Enkel
Reitzen, die Bahn der Ehre in euern Tritten zu laufen!
Also sprach er, und blieb in ernsten Betrachtungen stehen.

V. 199—212.

Unterdeſs wälzt sich die Flucht, und das laute Jauchzen der Sieger
Bis zum Lager. Zu Tausenden stehn die Assyrischen Mütter
Auf dem thürmenden Wall, und werfen ängstliche Blicke
Über die Ebnen, woher aus neblichter Ferne des Streites
Gräſsliches Antlitz sie schreckt. Ein krieg'risches wildes Getümmel
Schlägt ihr lauschendes Ohr: wie wenn aus felsigen Wüsten
Mit dem Sausen des Sturms und dem Schalle des fallenden Waldstroms,
Der, von zerborstenen Wolken geschwellt, sich über die Felsen
Stürzet, des Donners Gebrüll im Ohre des Wandrers sich mischet.
Aber itzt wächst das Getös', und kommt den Bebenden näher.
Unglückselige! welch ein Gesicht enthüllt sich auf einmahl
Euern Augen! Das Feld von Fliehenden wimmelnd, die Schaaren
Alle zerstreut, der Boden bedeckt von Assyrischen Schilden!
Wüthend raufen sie sich den Schmuck der goldenen Locken,

V. 215 — 226.

Heulen und schlagen die schuldlose Brust. Ein schwärmender Schrecken
Fasst sie, die Furcht ersetzt den Mangel der Stärke, und schwellet
In der Verzweiflung mit männlicher Wuth die weiblichen Busen.
Zitternd, mit nacktem Fuss und offnen fliegenden Haaren,
Drängt die wehrlose Schaar sich aus den Thoren des Lagers,
Unter die Fliehenden. Zürnender Spott und bittre Verweise
Schallen aus jedem Mund, und blitzen im wüthenden Auge.
Suchet ihr hier den Feind, Unmännliche? Kehret ihr also
Im Triumfe zurück? Soll euch die wallende Länge
Unsrer Schleier dem dräuenden Antlitz des Siegers verbergen?
Oder sollen wir, dass ihr indess gemächlicher fliehet,
Unsern Busen für euch den feindlichen Pfeilen entblössen?

Solche Reden entstürzten den scharfen weiblichen Lippen.
Scham und vermischter Zorn entflammet die Männer, sie stehen

V. 227—240.

Unentschlossen: doch bald vollendet die flehehende Thräne,
Was der strenge Verweis nicht auszurichten vermochte;
Denn itzt werfen sie sich zu den Füſsen der Männer und weinen,
Schlingen um ihre Kniee die wächsernen Arme, und schauen
Gegen sie auf mit flehendem Blick. Beym Tage voll Schmerzen,
Der ihn gebar, beschwöret den Sohn die jammernde Mutter,
Sie vor der Schmach der Bande zu schützen. Mit zärtlichem Wüthen
Reiſst die Gattin ihr Kind von der Brust, den wimmernden Erstling
Ihrer Umarmungen, streckt es verstummend dem Vater entgegen,
Und durchbohrt ihm sein Herz mit unaussprechlichen Blicken.
Nicht vergeblich! Die Muthlosen fühlen die Allmacht der Schönheit
Und der Natur, die Zaubergewalt des holden Geschlechtes,
Das die Anmuth allein statt aller Waffen empfangen,
Feige zu Helden erhitzt, und Helden durch Thränen entwaffnet.

V. 241—253.

Was dein Beyspiel, dein Muth, was deine beredenden Künste
Nicht vermochten, Gadates, das wirkt die weinende Schönheit.
Haufenweis sammeln sie sich, und füllen die Pforten des Lagers
Und den gethürmten Wall, den Feind zu erwarten entschlossen.

Sarkan allein, von andern geheimen Gedanken getrieben,
Hatte sich unter der Flucht mit seinen Hyrkanern von ihnen
Abgesondert, und wich, stets fechtend, mit langsamen Schritten
Gegen das nahe Gebirge zurück. Die übrigen alle,
Deren das Schwert geschont, verschloſs das schirmende Lager.

Aber dem Persischen Muth und deinem Schicksal, o Cyrus,
Thürmten sich Alpen selbst nicht unersteiglich entgegen.
Sengte gleich Lybischer Sand die brennenden Sohlen, verwehrten
Reiſsende Ströme den Weg und schneebeladne Gebirge;

V. 254 — 266.

Nichts, nichts hemmet der Siegenden Lauf, sie
lachen der Arbeit
Und der bekannten Gefahr, und schämen sich
leichter Triumfe.
Tausend der kühnsten von Persiens Söhnen, mit
Cyrus erzogen,
Jünglinge, denen der Nahme der Furcht leer
tönender Schall war,
Hatten sich an die Stirne des wartenden Heeres
gedränget,
Ungeduldig, bis Cyrus, den Sturm zu erlau-
ben, sich zeigte.

Cyrus erschien. Schon neigte die Sonne
den Wagen nach Westen
Als er dem Heere sich zeigt'. Ein lautes Froh-
locken der Männer
Hohlt siegprangend ihn ein. Nur Eine Arbeit
noch, ruft er
Ihnen entgegen, so ist der Siege schönster voll-
endet.
Diese Wälle verbergen uns nur die Belohnung
des Sieges.
Haben wir nicht die keichenden Feinde, wie
schüchterne Rehe,
Daſs uns keiner entrinn', hierher zusammen
getrieben?

V. 267—279.

Lafst den Erschrocknen nicht Zeit, sich aus der Betäubung zu sammeln.
Eilet, ersteiget den Wall, ergetzt mein begleitendes Auge
Durch den Anblick wetteifernder Thaten! —

So spornt er mit Worten
Voll Vertrauen die Willigen an. Die goldne Trompete
Hallt den Befehl umher; die wilden krieg'rischen Seelen
Hüpfen in jedem Busen empor, indem der bekannte
Siegweissagende Schall die horchenden Ohren bezaubert.
Reihenweis rücken sie gegen den Wall; ein Sturmdach von Schilden
Schlägt die Pfeile zurück, die aus den hölzernen Thürmen
Über sie regnen. Dann klettern die kühnsten von Persiens Jugend,
Auf das eherne Dach von ihren Freunden gehoben,
Muthig den neigenden Hügel hinauf. Der Zuruf der Brüder
Feu'rt die Wetteifernden an. In wenigen Augenblicken

V. 280—292.

Ist im bestürzten Antlitz des Feindes das Bollwerk erstiegen.
Seellos, der letzten Hoffnung beraubt, der flehenden Weiber
Und des gegebnen Worts uneingedenk, fliehn die Assyrer
Taumelnd zurück, und lassen dem würdigern Sieger die Beute.
Schon durchbricht er die Thore des Lagers, schon fallen die Baktrer,
Die sie beschützen, von Speren durchbohrt. Wie Wogen des Meeres
Durch den zerborstnen Damm sich über die Felder ergiefsen,
Strömen die Sieger hinein, indem die flüchtigen Schaaren,
Über einander gewälzt, aus der westlichen Pforte sich drängen.

Schamvoll und unentschlossen entweicht auch Gadates, und fluchet
Seinem Gestirn, das ihn zu Babylons Sklaven verdammte.
Soll er entfliehn, um sich her die irrenden Flüchtlinge sammeln,
Und mit dem Rest des zertrümmerten Heers sich unter die Mauern

V. 293—306.

Babylons ziehn, den Staub vor dem neuen Beherrscher zu küssen,
Den aus dem innern Palast der Tod Neriglissors zum Thron ruft?
Soll er ein neues Heer, von den Persern geschlachtet zu werden,
Aus den entvölkerten Ländern erzwingen, damit dem Tyrannen
Wüsten doch übrig bleiben, die seinen Zepter erkennen?
Oder soll er, vom Beyspiel des Glücks und der Götter entschuldigt,
Sich für Cyrus erklären? Das letzte räth ihm die Klugheit,
Jenes befiehlt die herrschende Ehre! Auf einmahl entschlossen,
Drängt er sich aus der Verwirrung der Flucht zum benachbarten Walde,
Wo, von den wachsenden Schatten begünstigt, die flüchtigen Haufen
Sicherheit suchen. Ihm gönnt der ruhebedürftige Sieger,
Sich zu verstärken, die Stunden der Dämmrung. Hier sammeln in kurzem
Sich Myriaden um ihn. Sein hohes königlichs Ansehn,
Und sein verwegener Geist, der stolz dem Unglück entgegen

V. 307—314.

Kämpft und mitten im Sturm sich über den Wellen empor hält,
Macht ihn in ihren Augen zum Gott. Sie schwören ihm Treue.

Also zieht er, verhüllt in mitternächtliches Dunkel,
Babylons Gegenden zu. Verheerung und flammende Hütten
Zeichnen des Fliehenden Weg. Den Lauf des Siegers zu hemmen,
Setzt er ihm Wüsten entgegen. Er eilt, vom folgenden Feinde
Nicht erreicht, und wächst, indem er verwüstend sich fortwälzt,
Bis er am vierten Tage die Ufer des Tigris ereilet.

ARASPES UND PANTHEA

EINE GESCHICHTE
IN DIALOGEN NACH DEM XENOFON. 1758.

VORBERICHT.

Die Geschichte des Araspes und der Panthea, die schönste Episode der Xenofontischen Cyropädie, sollte, wenn das Heldengedicht Cyrus zur Vollendung gekommen wäre, ebenfalls als Episode in dasselbe eingewebt werden.

Als der Dichter (aus Ursachen, die an einem andern Ort angegeben werden sollen) den Gedanken, jenes große Werk auszuführen, aufgab, war er noch so voll von Araspes und Panthea, daß er dem Drange, diesen eben so lehrreichen als unterhaltenden Beytrag zur Geschichte des menschlichen Herzens, in Form von Gesprächen, zu einem besondern Werke auszuarbeiten, nicht widerstehen konnte. Er verwendete dazu die schönsten Stunden seines Aufenthalts in Bern im Jahre 1758; und die Gemüthsstimmung, in welcher ihn seine damahligen Verhältnisse unterhielten, war nicht nur der Ausführung dieses kleinen Werkes besonders günstig, sondern machte auch die Grundlage derjenigen aus, in welcher die Idee der Geschichte Agathons in seiner Seele lebendig zu werden anfing und sich nach und nach ausbildete, wiewohl (äufserer Umstände wegen) noch einige Jahre verflossen, ehe er an die wirkliche Ausarbeitung derselben Hand anzulegen vermögend war.

PERSONEN

DIESER DRAMATISCHEN GESPRÄCHE.

CYRUS.
ARASPES.
ARASAMBES.
PANTHEA.
MANDANE.

SCHERISTANI. ZELIS. GULINDY.
Sklavinnen der Panthea.

ERSTE ABTHEILUNG.

1.

Cyrus. Araspes.

Cyrus.

Ich bin deines freundschaftlichen Dienstes benöthigt, Araspes. Kennst du die junge Königin von Susiane, die der Sieg über die Assyrer in unsere Gewalt gebracht hat? Eine wichtige Beute, wenn das Gerücht ihre Vorzüge nicht vergröſsert.

Araspes. O Cyrus, von Panthea kann selbst das Gerücht nicht lügen. Sie sehen und bewundern ist unzertrennlich. Aber es scheint, mein Prinz, die höhern Sorgen, die deine ganze

Aufmerksamkeit beschäftigen, haben dir noch nicht erlaubt, dich mit eignen Augen hiervon zu überzeugen.

Cyrus. Ich habe sie nicht gesehen, aber ich liebe schöne Gemählde; und du wurdest von deinen Freunden allezeit für einen Meister in der Kunst zu mahlen gehalten.

Araspes. Wenn ich es auch wäre, so würde doch hier meine Kunst weit zurück bleiben. Urtheile nach dem Schatten, wie schön das Urbild seyn mufs. Ich kam zuerst in ihr Gezelt, da das Assyrische Lager von den Deinigen erobert wurde. Ein klägliches Getön von weinenden Stimmen, mit lautem Wehklagen vermischt, rief meine irrenden Schritte dahin. Welch eine rührende Scene fiel mir ins Auge, als ich hinein trat! Ich fand sie auf einem verbreiteten Teppich am Boden liegen; denn ihre hervor glänzende Gestalt und die sanfte Majestät ihrer Geberden liefs mich keinen Augenblick zweifeln, welche unter der weiblichen Menge, die das Zelt erfüllte, die Gebieterin sey. Ihr schönes Haupt hing, gleich einer geknickten Rose, auf den Busen einer ältlichen Frau, die, nach der bekümmerten Zärtlichkeit ihrer Blicke und Worte zu urtheilen, ihre Pflegemutter zu seyn schien. Sanfte Thränen gleiteten über die blassen Wangen der jungen Königin herab; ihr Schmerz konnte nur weinen und seufzen, und mich däuchte, selbst in ihrem Seufzen sey Harmonie. Ihre Sklavinnen schwebten, einige sprachlos, andere laut jammernd, um sie her, in gedankenloser Traurigkeit vergeblich beschäftigt; einige rauften sich ungeduldig die Haare aus, andere zerritzten ihre Wangen und gossen Ströme von Klagen aus, indem sie öfters einen Abradates nannten, dessen Schicksal sie am meisten zu beklagen schienen. Langsam eilte ich hinzu, und drängte mich sanft durch die furchtsame Schaar. Du leidende Unschuld, sagte ich, (denn nur die echte Hoheit des Gemüths kann so wie Du im Unglück ihre Würde erhalten) stille den Kummer, der diese Augen in Thränen verhüllt, welche gewohnt scheinen, nur Freude und Wonne um sich her zu lächeln. Traure nicht, du Ebenbild der himmlischen Milde! Die Götter haben dich dem Schutz eines grofsmüthigen Fürsten anvertraut. Wir hören zwar, du seyest die Gemahlin eines schönen und tugendhaften Prinzen gewesen; aber derjenige, dem dich dein gütiges Schicksal zuerkannt hat, wird dir nichts unersetzt lassen, was du an jenem liebtest. Glaub es dem allgemeinen Gerüchte: in allen Morgenländern ist niemand, der an Schönheit des Leibes und Gemüthes und an jeder friedsamen und kriegerischen Tugend mit Cyrus zu vergleichen wäre. So sagte ich;

aber meine Rede, anstatt sie zu beruhigen, vermehrte die allgemeine Traurigkeit. Die königliche Schöne, die bisher den sprachlosen Kummer grofsmüthig in ihrer Brust verschlossen hatte, raffte sich mit einer heftigen Bewegung vom Boden auf, zerrifs ihren Schleier und brach in wehmüthige Klagen aus, die aber durch das Geschrey ihrer Aufwärterinnen unhörbar wurden. Die Bewegung, die sie machte, indem sie ihren Schleier zerrifs, entdeckte die schöne Bildung und blendende Weifse ihres Halses und ihrer Arme; selbst die zürnende Ungeduld, deren wilde Zuckungen sonst den Menschen entstellen, wurde in ihrem anmuthigen Gesichte holdselig, und gab allen ihren Bewegungen einen lebhaften Reitz. Ich versichre dich, Cyrus, es däuchte mich damahls, ich hätte in ganz Asien keine Frau gesehen, die an Schönheit und Lieblichkeit mit dieser Susianerin streiten könnte. Du selbst würdest sie bewundern, wenn du sie sehen solltest.

Cyrus. Behüte mich der Himmel, dafs ich sie zu sehen verlange!

Araspes. Welch ein seltsamer Wunsch, mein Gebieter! Warum wolltest du dir das Vergnügen versagen, eine Sklavin zu sehen, welche zu besitzen das einmüthige Urtheil des Heers niemand würdig fand als dich? Dein

Herz ist zu menschlich, zu freygebig mit Gefühl und feinem Geschmack am Schönen von der Natur begabt, als dafs du einen Gegenstand deines Anblicks unwürdig achten solltest, der auch den Flug eines Unsterblichen zurück hielte, sich an seinem Anschauen zu ergetzen.

Cyrus. Wenn ich ja vorher einige Lust gehabt hätte sie zu sehen, so hätte deine Erzählung mich genöthigt, diese Begierde zu unterdrücken.

Araspes. Du sagst mir ein Räthsel —

Cyrus. Dessen Auflösung leicht ist. Wenn ich jetzt meinem neugierigen Wunsch erlaubte, mich zu dieser Schönen zu locken, zu einer Zeit, da jede meiner Stunden eignen Geschäften zugezählt ist, was meinst du, dafs daraus entstehen würde? Könnte ich anders von ihr scheiden, als mit dem Verlangen sie wieder zu sehen? Und würde mich nicht ihre Schönheit und die Annehmlichkeit ihres Umgangs in kurzer Zeit so sehr fesseln, dafs ich sie auch alsdann besuchen würde, wenn ich noch weniger Mufse hätte; bis mir zuletzt das Anschauen der schönen Panthea gar keine Mufse übrig liefse, mich demjenigen zu widmen, was der wohlthätige Geist, der die Welten beherrschet, mir zur Pflicht gemacht hat?

Araspes. Verzeih es, mein Prinz, dem Gespielen deines jugendlichen Alters, daſs ich über deine Furcht lachen muſs. Hältst du denn die Liebe (denn diese scheinst du zu scheuen) für eine so mächtige Gottheit, daſs sie vermögend wäre, eine freye Seele wider ihren Willen zu besiegen, sie mitten in ihrem muthigen Lauf von einer schönen That zur andern aufzuhalten, zu fesseln, und zahm und girrend, gleich den Tauben der Venus, vor ihren Wagen zu spannen? Nein, Cyrus! Sie liebt zwar jede ihr verwandte Vollkommenheit: aber wie sollte es möglich seyn, daſs der, dessen weit ausgebreitete Liebe ganze Völker, ja das ganze Geschlecht der Menschen umfaſst, einer einzelnen Schönheit die Macht über sich geben könnte, ihn seinen heiligsten Verbindungen, seinen süſsesten Pflichten zu entreiſsen?

Cyrus. Du glaubest also, Araspes, die Liebe hange gänzlich von unserm Willen ab, und sey so gelehrig, jedem Winke der gebietenden Vernunft zu folgen, daſs es nur an uns liege, sie einzuschränken oder zu unterdrücken, wie es uns gefällt?

Araspes. Und warum das nicht? wofern nicht unsere Gedanken und Neigungen, die doch im Schooſs unserer Seele unter der Aufsicht der Vernunft geboren werden, weniger in unsrer Gewalt sind, als dieser uns fremde, von der Erde geborgte Leib; als unsere Augen oder Hände, die wir nach unserm Wohlgefallen öffnen oder schliefsen, ausstrecken oder zurück ziehen. Aber die Liebe, die sich am blofsen Anschauen der Vollkommenheit begnügt, kann nie von der Weisheit verdammt werden. Sie ergetzt sich an Tugend und innrer Güte, an Schönheit, dem Leibe der Tugend, und an Anmuth, ihrer sichtbaren Ausstrahlung, ohne dafs dieses Wohlgefallen eine andere Wirkung haben sollte, als den angebornen Trieb der Seele nach Vollkommenheit auf sich selbst zu richten, damit sie sich bestrebe, die Schönheit, die sie aufser sich bewundert, auch in sich hervorzubringen.

Cyrus. Du redest von einer sehr geistigen Liebe, mein Freund; aber ich befürchte, es sey noch eine andre von nicht so edler Art, die zuweilen die Gestalt ihrer schönen Schwester entlehnt, um sich in unverwahrte Herzen einzustehlen. Und diese wird es wohl seyn, über die sich so viele Liebende beklagen, dafs sie von ihr zu den niedrigsten Thaten und der unmännlichsten Sklaverey genöthiget werden. Eine Leidenschaft, die den Unglücklichen, welche sie einmahl bezaubert hat, so wenig Macht über sich selbst läfst, dafs sie, des Gegenstands ihrer Liebe beraubt, wie blutlose Schatten umher schweben, und an weinenden Quellen oder in einöden Wüsten den Überrest von Leben, der noch in ihren Adern schleicht, in Seufzer aushauchen. Meinst du, Araspes, diese Elenden, denen (nach ihrem eignen Geständnifs) das Leben und die Empfindlichkeit, die süfse Quelle aller Wonne, Marter ist, meinst du, sie würden einen Augenblick säumen, sich in einen bessern Zustand zu versetzen, wenn es in ihrer Gewalt stände, zu lieben oder nicht zu lieben? Giebt es nicht solche, die ihre unedle Schwachheit verwünschen, ja mit zusammen gerafften Kräften ihre unrühmlichen Fesseln schon abgeschüttelt haben; aber durch einen einzigen Blick, eine einzige wahre oder falsche Thräne überwältiget, sich sofort als willige Sklaven in die gewohnten Bande zurück schmiegen? Und was anders als die tyrannische Gewalt der Liebe zwingt den Greis, zu den Füfsen eines buhlerischen Mädchens ein geheucheltes Lächeln zu erbetteln? Was anders zwingt den wilden Krieger, wollüstige Klagen zu girren, und den ruhmdürstenden Jüngling, die gelegene Zeit zu ehrenvollen Versuchen an ihrem Busen zu verschlummern?

Araspes. Setze noch hinzu, wenn du willst, was zwingt den Ruchlosen, das ehrwürdige

Lager seines Freundes zu besteigen, oder die geheiligte Unschuld der Jungfrauen zu verletzen? Alles dieſs, und wenn noch etwas schändlichers ist, ich gestehe es, Cyrus, wirkt die Liebe in feigen unmännlichen Seelen, die zu schwach sind ihren Begierden zu gebieten, zu thierisch eine andere als eine eigennützige Wollust zu schmecken. Aber warum soll der Nahme der Liebe, die diese ganze majestätische Schöpfung, ihr groſses Werk, mit Leben und beseelenden Sympathien erhitzt, warum soll er gemiſsbraucht werden, die vorbey rauschende Raserey des Schwelgers zu entsündigen, der, von üppigen Hoffnungen berauscht, jede Pflicht abschüttelt, um ungezähmt in grenzenlose Thorheit hinaus zu rennen? Oder soll das Liebe seyn, wenn der müſsige rosenbekränzte Weichling, in dessen enger Brust keine groſsmüthige Gesinnung, kein edles Unternehmen Platz hat, sein unrühmliches Leben unter die wollustwinkende Buhlerin und den schwärmenden Bacchus vertheilt? Sollte der lieben können, den diese göttliche alles beherrschende Ordnung des Weltbaues, den das Menschengeschlecht, dieser groſse Gegenstand der zärtlichsten Empfindungen und der nie still stehenden Bestrebung des Weisen, nicht zur Liebe reitzen kann? Doch wir streiten nicht um Worte. — Laſs es Liebe heiſsen, was diese Niederträchtigen leiden; aber erlaube ihnen nicht, die unschuldige

Liebe anzuklagen, wenn ihre eigene Thorheit sie zu Thaten verdammt, welchen die Schande auf dem Fuſse nachfolgt, oder die den gerechten Zorn der Gesetze entflammen. Zwar der Strafe zu entgehen, wünschen sie die Liebe zu ihrer Mitschuldigen zu machen, oder gar die ganze Last der Schande ihr allein aufzubürden. Sie muſs dann eine Tyrannin der Herzen, eine Zaubrerin, ein feindseliger Dämon, eine unwiderstehliche Gottheit heiſsen. Aber umsonst! Die Gesetze würden keine Strafen auf die Verbrechen setzen, wenn es nicht in unsrer Macht stände zu sündigen oder recht zu handeln. Sie fordern unsern Gehorsam, weil sie voraussetzen, daſs der Mensch ein frey gebornes Wesen sey, sein eigner Beherrscher, der durch keine äuſsere Macht gezwungen werden kann, etwas zu begehren oder zu verabscheuen, zu lieben oder zu hassen; und der also, gleich einem Fürsten, den seine Diener zu unbilligen Thaten verleiten, über seine eigene Trägheit und das schändliche Vergessen seiner Rechte zürnen sollte, wenn er sich von diesen Begierden beherrschen läſst, welche die Natur zu Sklaven seiner Vernunft, und zu Triebfedern für erhabne und gemeinnützige Absichten bestimmt hat.

Cyrus. Es scheint also, Araspes halte es für unmöglich, daſs die Liebe einer Schönen so viel Gewalt über eine edle Seele gewinne, sie wider ihren Willen, mit einer zugleich verhaſsten und angenehmen Gewaltthätigkeit, zu Begierden, ja sogar zu Handlungen anzutreiben, welche, so bald die eingewiegte Vernunft aus dem bezaubernden Traum erwacht, von ihr selbst gemiſsbilligt und verachtet werden! Du hältst es für unmöglich, daſs die Liebe zu einer so vollkommnen Frau, wie du mir Panthea beschreibst, selbst in einer von Tugend beseelten Brust zu einer so heftigen Leidenschaft aufwalle, daſs sie die ganze Seele in weiche Empfindungen und schmachtende Sehnsucht auflösen, jede Begierde nach Ruhm, jede groſsmüthige Entschlieſsung auslöschen, alle Nerven der Seele abspannen, und die vergeblich entgegen kämpfende Vernunft durch ein süſses Vergessen verhaſster Pflichten berauschen könnte? — O mein Freund, du scheinst weder die Schwäche des menschlichen Herzens, noch die Gewalt dieser allzu reitzenden Leidenschaft zu kennen, welche, wie sanft und schmeichelnd sie auch Anfangs ist, doch den ungezähmten Sturmwind und den schmetternden Blitz an wilder Heftigkeit übertrifft.

Araspes. Nein, Cyrus, diese Liebe kenne ich nicht; und doch liebte ich von dem ersten Augenblick an, da ich den Unterschied des Guten und Bösen fühlte. Alles Schöne, alles Erhabne, alles was in seiner Art vollkommen ist, oder dem Urbild der Vollkommenheit, das in meiner Seele schwebt, sich nähert, ziehet meine Liebe an. Die ganze Schöpfung nährt die heilige Flamme. Von Schönheit zu Schönheit in ewig steigenden Graden fortgezogen, verliere ich mich oft in sprachloser Entzückung, die alle Gedanken verschlingt, und die Seele in süſses Erstaunen und wundervolle Ahnungen versenkt, die ich nicht zu enthüllen vermag. Aber wie könnte ich bey diesen Empfindungen still stehen, die sich auch der unbeträchtlichsten Geschöpfe bemeistern? Der bunte Schmetterling, der von Blume zu Blume flattert, ihre geistigen Düfte einzusaugen, selbst der kriechende Wurm schwimmt in Wollust, in süſser Betäubung, von den grenzenlosen Schönheiten der göttlichen Natur überströmt. Aber dem Menschen, dessen aufgerichtetes Antlitz den Himmel anschauet, dessen unermüdeter Gedanke, vom sinnlichen Schönen unaufgehalten, ins Innere der Wesen eindringt, und an Wahrheit, Ordnung und Vollkommenheit sich ergetzt, einem solchen Geschöpfe wäre es Frevel, nur zu empfinden. Ihm kommt es zu, die Regeln zu erforschen, aus welchen diese Schönheiten flieſsen, die Verhältnisse zu erspähen, wodurch diese endlose Reihe von Wesen und Geschlechtern der Wesen in einen harmonischen Plan verwebt sind, und alle seine Kräfte zu dem erhabnen Ziel anzustrengen, daſs in der moralischen Welt eine eben so schöne Eintracht und Zusammenstimmung erhalten werde, wie diese ist, die in den harmonischen Bewegungen des Himmels, in der unveränderlichen Folge der Jahrszeiten, in der Anordnung und Ausschmükkung der ganzen Körperwelt, den anschauenden Geist in Bewundrung setzt. Kann ich mich als einen Theil dieses wundervollen Ganzen ansehen, ohne an der Vollkommenheit desselben Antheil zu nehmen, und mich zu bestreben, daſs es durch mich vielmehr einen Zuwachs an Schönheit erhalte, als verunstaltet werde? Kann ich mich als ein Glied des menschlichen Geschlechts betrachten, ohne einen mächtigen Zug von sympathetischer Liebe zu meinen Brüdern zu empfinden, ihren Wohlstand zu meinem eignen zu machen, und den süſsen Pflichten entgegen zu eilen, welche mir die gemeinschaftliche Natur, gemeinschaftliche Bedürfnisse, gemeinschaftliche Vortheile und Erwartungen auflegen? So gesinnt, o Cyrus, übte ich mich bisher unter deinen Augen in edeln Versuchen. Sollte in einem Herzen, das einer so erhabnen Liebe voll ist, diese fanatische Leidenschaft Raum finden, die alle ihre demüthigen Wünsche an einen einzigen Gegenstand heftet? Sollte die weibliche Schönheit mächtig genug seyn, mich zu entwaffnen, und der süſsen Freyheit zu berauben, die mir bisher erlaubt hat, jeder Aufforderung der Pflicht, jedem Winke der Tugend zu folgen? Ich kann mir dieses Zutrauen desto weniger versagen, da ich die Gefahr wirklich bestanden habe. Ich habe sie gesehen, vielleicht von der reitzendsten Seite, womit die Schönheit unser Herz überraschen kann; ich bewundere sie; und doch hab' ich seitdem immer entweder vor deinem Gezelt gewacht, oder deine Befehle vollzogen, oder andere mir zukommende Verrichtungen gethan, eben so frey und munter, als eh' ich diese zauberische Schöne gesehen habe.

Cyrus. Vielleicht hast du sie noch nicht lange und nahe genug gesehen, um deiner Stärke so gewiſs zu seyn. Die Schönheit wirft zuerst nur einen flüchtigen Schimmer auf das Herz; aber je näher du ihr kommen wirst, desto mehr wird sie erhitzen, bis du, von der angenehmen Wärme belebt, die Flügel begierig entfaltest, und, in immer nähernden Kreisen um die schöne Flamme flatternd, zuletzt mit versengten Schwingen zu Boden taumelst.

Araspes. Sey unbesorgt, mein königlicher Freund! Und wenn ich sie auch unaufhörlich anschauen müſste, so soll mich doch ihre Schönheit nie bereden, etwas zu thun, was dem Freunde der Tugend und des Cyrus nicht geziemt.

Cyrus. Deine Gesinnungen, Araspes, und selbst diese edle Kühnheit, die dir das Bewufstseyn eines grofsmüthigen Herzens eingiebt, gefallen mir. Wem könnte ich das Amt, die schöne Panthea zu bewachen, sicherer anvertrauen als dir? Ich befehle dir also, immer bey ihr zu bleiben, und dafür zu sorgen, dafs ihr nichts mangle, was ihrem Rang und ihren eigenthümlichen Vorzügen gebührt. Du kannst sie versichern, dafs ich mich des Rechts nicht bedienen werde, das mir die Gewalt über sie geben könnte, und dafs ich vielleicht Mittel finde, sie wieder mit ihrem Gemahle zu vereinigen.

2.

Mandane. Panthea.

Mandane.

Seufzer und Thränen, o Königin, vermehren wohl deinen Kummer und den meinigen; aber sie können weder die Freyheit noch deinen Gemahl zurück weinen. Dein Unglück ist nicht so groſs, daſs es dir nicht noch die Hoffnung übrig lieſse, wieder glücklich zu werden. Gönne deinem Herzen diese Hoffnung, die nicht ungewisser ist als deine zärtlichen Besorgnisse. Abradates lebt, und die Vorsicht, die Beschützerin der Tugendhaften, wird ihn wieder in deine treuen Arme bringen, und in diesen entzückungsvollen Augenblicken wird das Andenken der vergangenen Schmerzen wie ein Traum vor dir hinschwinden.

Panthea. O Mandane, ich erkenne deine mütterliche Sorgfalt. Ich fühle die heilende Kraft deiner Tröstungen. Aber ach! selbst diese reitzenden Vorstellungen dienen nur die schwarze Farbe meines Schicksals zu erhöhen. Wie kann ich mich bereden, meine Besorgnisse für unzeitig zu halten? Ist nicht das Assyrische Heer geschlagen? Hat nicht das Schwert die Blüthe von Babylon gemäht? War nicht Abradates derselben Gefahr ausgesetzt? Oder meinst du, sein unerschrockenes Herz habe ihm beym Anblick der heraus fordernden Gefahr erlaubt, gleich diesen feigen, weichlichen Assyrern die Flucht zu nehmen? Es ist wahr, das Gerücht hätte uns den Tod schon gebracht, wenn er auf dem Schlachtfelde gefallen wäre. Aber vielleicht hat ihn, als er der unaufhaltbaren Macht weichen mufste, der nacheilende Feind eingeholt. Vielleicht hat er seinen allzu heroischen Muth, ungeduldig sich in Fesseln zu schmiegen, durch tausend edle Wunden ausgehaucht. Vielleicht liegt er in diesem Augenblicke, der blühende Held, dem meine liebevollen Augen so oft mit stillem Triumf nachsahen, wenn er in seiner goldenen Rüstung einher zog, vom tausendfachen Echo des lauten Beyfalls begleitet — ach! der tapfre, anmuthsvolle Jüngling! gebildet Liebe einzuflöfsen, der zärtliche Ehemann, der Vater seines Volks, seellos, unkennbar, von Blut und Wunden entstellt, liegt er vielleicht im Staube! Weder seine Jugend, noch seine Schönheit, noch sein Muth, noch die ohnmächtige Liebe seiner Panthea haben ihn retten können. Vielleicht rief noch sein letzter Laut, Panthea. Aber ach! die Unglückselige hörte ihn nicht, war nicht da, seine Wunden zu waschen, seinen letzten Hauch aufzufassen, und auf seinem Grabe, ein werthes Todtenopfer! zu sterben. — Wo irrest du, geliebter Schatten? Zeige mir, wo die theuern Überbleibsel meines Abradates liegen, dafs ich sie der mütterlichen Erde anvertraue, und dir folge! — Wie schwärmet meine fiebrische Fantasie! — Verachte meine Schwachheit nicht, Mandane! Ermüde nicht, mich gegen mich selbst zu beschützen. Vielleicht sind, wie du sagst, meine Besorgnisse eitel! — Schwacher Schimmer von Hoffnung! du bist Wonne für meine leidende Brust. Vielleicht fliegt er schon mit einer rache-schnaubenden Schaar auf die unbesorgten Feinde zurück, seine Panthea zu befreyen; ungeduldige Liebe blitzt aus seinen Augen, und beseelt seine Arme mit unüberwindlicher Stärke. — Oder irgend ein Friedensengel hat seinem grofsmüthigen Herzen den Gedanken eingehaucht, lieber ein Freund des Persischen Fürsten zu werden, als einen ungleichen Streit mit den Göttern und ihrem Liebling zugleich fortzusetzen. Allzu schmeichelnde Hoffnungen! wie leicht betrügt ihr das willige Herz! Aber, ach! wie flüchtig ist eure Linderung! Kann ich aufhören zu fürchten, so lange mir noch das ärgste droht?

Mandane. Ich fühle dein ganzes Leiden, Panthea! Aber lafs es nicht gesagt werden, dein grofsmüthiges Herz sey kleiner als sein Unglück gewesen! Wie viel goldne selige Tage voll unvermischter Wonne, Tage der fröhlichen Jugend und der Liebe, hast du genossen, ehe dieser düstre Tag kam, der nur deine Geduld prüfet, nicht deine Glückseligkeit tödtet! Wollten wir, überströmt von Erfahrungen einer wohlthätigen Vorsehung, frage dein edles Herz, wollten wir sogleich zagen, so bald das Glück seine Stirne runzelt, als ob der ewige Geist, der die Welt beseelt, nur alsdann gütig wäre, wenn wir lächeln? Wird es ihm nicht angenehm seyn, wenn wir, seiner unbegrenzten Macht und unbegrenzten Güte sicher, desto mehr Muth beweisen, je härter wir geprüft werden? desto mehr hoffen, je zweifelhafter unser Schicksal scheint? Entweder mufs der trostvolle Strahl, den der göttliche Urquell des Lichts in unsre Seele wirft, verlöschen, wir müssen vergessen, dafs Gott ist, oder wir müssen nie aufhören zu hoffen, und alle unsere Besorgnisse sind Träume.

Panthea. Meine Vernunft erkennt die Stimme der Wahrheit, die von deinen Lippen wiederhallt; mein Herz fühlt sie: aber ach! wie stark empört sich die leidende Natur gegen sie! Wer kann auf der Folter gefühllos seyn? Wer kann sich die gröfsten Güter des Lebens, Freyheit und eheliche Glückseligkeit, und das königliche Vermögen Gutes zu thun, ohne Schmerz entreifsen lassen? Kann ich den Schreckbildern den Zugang versperren, die mit jedem Gedanken an Abradates sich haufenweise in meine Seele drängen? O Mandane, kein Schmerz, der die Quellen des Lebens auftrocknet, ist mit diesem zu vergleichen, wenn die zweifelhafte Seele, in einer furchtbaren Dämmerung von ängstlichen Sorgen und täuschenden Hoffnungen, zwischen Tod und Leben hin und her geschleudert wird. Ein entschiedenes Schicksal, selbst das entsetzlichste, ist viel erträglicher, als diese Ungewifsheit. Wir raffen dann alle unsere Stärke zusammen, und thürmen sie der Last des Elends entgegen; und es bleibt uns zum wenigsten dieser Trost, dafs wir nichts schlimmers fürchten können. Aber diese langsam tödtende Ungewifsheit —

Mandane. Eben diese ist es, die deine herum geworfene Seele an die einzige Hoffnung antreibt, woran die bedrängte Unschuld sich halten kann. Fasse Muth, meine Panthea! Vielleicht arbeitet jetzt eine unsichtbare Hand an der freudigsten Entwicklung deines Schicksals. -- Aber siehe! wer nähert sich dort? — Mich dünkt, es ist der Medische Jüngling, der zuerst in unser Zelt kam, da das Lager erobert wurde. Sein Antlitz scheint eine freudige Nachricht vor sich her zu strahlen.

3.

Araspes. Panthea. Mandane.

Araspes.

Königin von Susiane, als ich dir jüngst die Tugenden des erhabnen Prinzen anpries, dessen Gefangne du wurdest, wufste ich selbst noch nicht, zu was für einer Gröfse sich seine Heldenseele empor schwingen kann. Obgleich deine Schönheit auch Götter zu einem menschlichen Wunsch reitzen möchte, so entsagt er doch dem Rechte, welches ihm der Sieg über dich giebt, und will dafs du als seine Schwester gehalten werdest, bis ein günstigeres Geschick sich aufthut, und ihm erlaubt dich wieder mit deinem Abradates zu vereinigen.

Panthea. So lebt denn Abradates noch? — Ja, er lebt; ich lese die frohe Bekräftigung in deinen Augen! — Entschuldige die zärtliche Bekümmernifs eines Weibes, das die bessere Hälfte seiner Seele vermisset. Wenn Abradates lebt, so hat mein Schicksal nichts unerträgliches, da der grofsmüthige Cyrus seine Gefangne in seinen Schutz zu nehmen würdigt.

Araspes. Abradates lebt, schöne Königin, und Cyrus hat mich der Ehre gewürdigt, in seiner Abwesenheit dein Beschützer zu seyn, und dafür zu sorgen, dafs dir so begegnet werde, wie dein eigner unerborgter Werth mit Recht forderte, wenn gleich eine unbemerkte Strohhütte seinen aufgehenden Glanz der Welt und dem Ruhm verhehlt hätte. Dieses reich geschmückte königliche Zelt bleibt dein, deine Sklavinnen und Aufwärter haben keinen Gebieter als dich, und ich selbst habe Befehl, deine leisesten Winke zu vollziehen. So sehr ehret Cyrus den Ruf deiner Tugend! — Und du, (zu Mandanen) deren Blicke mütterliche Zärtlichkeit auf deine Königin glänzen, ohne Zweifel die Pflegemutter ihrer kindlichen Jahre, dein eigenes Herz wird dir gebieten, meine Bemühung zu unterstützen, ihre Sorgen zu zerstreuen, und ihr Auge auf die schönern Aussichten zu lenken, die ihr entgegen sehen.

Panthea. Schon erfahre ich die Wahrheit deiner glückweissagenden Tröstungen, Mandane! Was konnte der Himmel in diesen Umständen, die ein unvermeidliches Verhängnifs in mein Leben eingeflochten hat, mehr für mich thun, als mich die Gefangne eines so grofsmüthigen Mannes werden zu lassen, der mich seine Gewalt nur durch Beweise seiner Huld empfinden läſst? Ob es gleich meiner unabhängigen Seele schmerzlich ist einen Gebieter zu haben, so ist doch einige Süſsigkeit in diesem Schmerz; denn es ist angenehm, dem Menschenfreunde verpflichtet zu seyn. Und, was mir noch angenehmer ist, vielleicht ist es, da Abradates noch lebt, künftig in meiner Gewalt, deinem Fürsten zu zeigen, daſs Panthea kein unerkenntliches Herz hat.

Araspes. Das Glück, dir öfters nähern zu dürfen, wird es mir nicht an Gelegenheit mangeln lassen, dich mit dem Karakter des Besten der Fürsten bekannt zu machen, und deine Erkenntlichkeit zur Bewunderung zu erhöhen. — Aber jetzt dünkt mich, ich sehe in diesem holdseligen Gesichte, dem getreuen Spiegel deiner Empfindungen, daſs du mehr Nachrichten von dem Könige von Susiane zu hören verlangest. Ich sah ihn auf dem blutigen Felde, und mein jugendlicher Muth wünschte voll Ungeduld diesem Helden zu begegnen, den seine von unerschrocknem Geist erhöhte Schönheit aus Myriaden hervor glänzen machte. Erst jetzt danke ich dem Geschicke, welches mir den unbesonnenen Wunsch versagte. Das wilde Getümmel trennte uns; nur von fern sah ihn mein ungeduldiges Auge ruhmvolle Thaten thun, und wie eine Donnerwolke auf die Perser daher stürmen. Hätte das Assyrische Heer nur sieben gehabt, die mit ihm zu vergleichen wären, so würde der zweifelhafte Sieg gewankt haben. Aber die Susianer, obgleich von dem Beyspiel ihres tapfern Anführers entzündet, waren zu schwach, die Gewalt der Perser allein aufzuhalten. Doch zogen sie sich rühmlich zurück, nicht als Flüchtlinge, sondern wie Männer, die sich auf eine bessere Gelegenheit sparen. Sie nahmen ihren Weg nach Babylon, von Medischen Reitern verfolgt, die noch nicht wieder zurück gekommen sind.

Panthea. Noch sind nicht alle meine Besorgnisse gehoben. Aber der heitre Strahl, den Mithras heut auf mich fallen läſst, hat meine Seele zur Hoffnung aufgeklärt. — Wie süſs tönte mir sein Lob von deinem Munde! Wisse, edler Jüngling, selbst die Nachricht, daſs er umgekommen sey, würde in dem Augenblick, da sie mich tödtete, meinen Schmerz mit Wonne versüſsen, wenn ich hörte daſs er wie ein Held gefallen sey. Ich würde dann gehen, den geliebten Leichnam aufzusuchen, bey ihm niedersinken, und mit dem lauen Dampf seiner rühmlichen Wunden meine nacheilende Seele vermischen. Aber Dank sey dem Himmel! noch lebt er, und lebt meiner Liebe würdig, ob er gleich seine Panthea in fremder Gewalt zurück lassen muſste. — Wie freue ich mich, dafs das Glück eben den zu meinem Aufseher bestellte, der ihn gesehen hat, der ein Zeuge seiner ruhmwürdigen Thaten war, und durch eignen Werth sein Lob beglaubigt! Wie angenehm werden uns die schnellen Stunden entschlüpfen, wenn wir uns wechselsweise mit Hören und Erzählen beschäftigen, du von deinem Prinzen, ich von einem Manne, der würdiger ist ein Freund als ein Gegner des Cyrus zu seyn!

Araspes. Was für eine schmeichelnde Hoffnung giebst du mir, schöne Königin! Wie verlangt mich nach den goldnen Stunden! Eine Seele, die von Ruhmbegierde glühet, kann nichts lieblichers hören, als die Thaten der Helden, die der Himmel den übrigen zu Vorbildern herab schickt. Obgleich meine Zunge im Lobe des Cyrus nie ermüdet, so werde ich doch lauter Gehör seyn, wenn du von Abradates reden wirst. — Aber ich scheue mich, die Freyheit, um dich zu seyn, unbescheiden zu gebrauchen. Dein Befehl wird mich allezeit in der Nähe finden, wofern du meine Dienste anzunehmen würdigst.

4.

Araspes allein.

Was für eine Göttin ist vom Himmel zu uns herab gestiegen? Oder kann die eine Tochter der Erde seyn, die an Gestalt und Seele alle sterblichen Schönen so sehr übertrifft? Welch eine angeborne Majestät glänzt auf ihrer Stirne, mit Güte und diesem bezaubernden Lächeln gemildert, das der Kummer selbst nicht aus ihrem reitzenden Gesichte vertreiben kann! Noch schwebt ihr Bild vor meinen Augen, noch säuselt ihre Stimme um mein Ohr; kaum etliche Augenblicke von ihr entfernt, verlangt mich schon wieder sie zu sehen. Wie lang scheinen mir diese Augenblicke! — Eine süſse Unruhe —

Still, mein Herz! Schweiget einen Augenblick, ihr süſsen Empfindungen, die sich aus der Schönheit in die schauende Seele ergieſsen! — Mir ist, als ob mir eine leise Stimme den Nahmen des Cyrus zulisple. — Wie, wenn er die

Liebe besser kennte als ich? — Warum vermisse ich den Anblick der schönen Panthea? Warum ist meine erhitzte Fantasie so geschäftig mir ihre kleinsten Reitze vorzumahlen? Warum scheinen mir die Augenblicke langsamer als ehmahls? Warum? — Wie wenn dieses der Anfang —

Götter! welch ein niedriger Gedanke! Ich verachte dieses kleinmüthige Miſstrauen in mich selbst. Fordert denn die Weisheit Unempfindlichkeit? Oder soll ich sogleich an meiner Tugend zweifeln, wenn mein Herz der Vollkommenheit den Tribut bezahlt, der ihr gehört? Es ist in der Natur unsrer Seele, sich nach dem was das Beste ist zu sehnen. — Gesegnet seyst du, mütterliche Natur, die du mein Herz zu diesem zarten Gefühl, dem höchsten Vorzug der Menschheit vor der thierischen Welt, gebildet hast! Soll ich den glücklich nennen, der diesen hellblauen himmlischen Bogen ohne Lächeln anstarret? den die Morgenröthe, wenn sie die Hügel und Thäler mit Rosen bestreut, den die in Gold zerflieſsende Abendsonne nicht entzückt? dessen Blick eine einfarbige Feldblume nicht anzulocken vermag, oder den der Anblick eines unschuldsvollen Kindes ohne Zärtlichkeit läſst? Aber das schönste aller sichtbaren Geschöpfe ist das liebreitzende Weib: was das Aug' ergetzen und das

Herz gewinnen kann, was die Natur holdes und liebliches hat, ist in ihr, wie in einem Auszug, vereinbart! Schöner ist ihr Auge als der entwölkte Himmel, schöner die keusche Röthe ihrer Wangen als der junge Frühling, wenn er, vom Morgen angestrahlt, unter Rosen erwacht. Wo ist der Weise, wo ist der Held, der nicht die erweichende Gewalt der Schönheit fühle? Aber wenn ein himmlischer Geist die schöne Sfäre bewegt; wenn die glänzende Heiterkeit ihres Angesichts den innern Frieden, die Unschuld und Milde ihres Herzens verkündigt; wenn Weisheit von den Rosenlippen fliefst, und Grofsmuth und Dankbarkeit und Ehre und Zärtlichkeit den keuschen Busen beleben: o dann ist es billig, dafs ein solcher Werth unsre ganze Seele erfülle! —

Soll ich dich denn nicht bewundern, Panthea? Soll ich nicht an dir lieben, was Götter ohne Schwachheit lieben müssen? Die entwölkte Luft ist nicht reiner als meine Liebe. Kein unedler Wunsch, keine Begierde, die sich vor der Tugend scheuen mufs, beunruhiget meine Seele; gleich der befriedigten See, die im Sonnenglanz von säuselnden Zefyrn gestreichelt wird, wallt sie nur in sanften Empfindungen, die schnell zu Gedanken empor wachsen, und meiner Tugend neue Schwingen geben. Sollte nicht eine edle Eifersucht in mir entbrennen, da ich unter dieser zarten Schönheit eine Grofsmuth, eine Stärke der Seele sehe, die mit der Schwäche ihres weicher gebildeten Leibes ringet? Nein, schöne Panthea, es soll nicht von Araspes gesagt werden, dafs sein männliches Herz von einer kleinen Seele angefeuert werde, die zu schwach sey, ihren Leib zu beherrschen!

Ich begreife nicht, warum Cyrus mich erschrecken wollte. — Er liebt den freundschaftlichen Scherz. Aber warum trieb er ihn so weit, bis zu dem ungütigen Zweifel, ob ich auch Stärke genug habe, dem Anblick einer Schönen unversengt zu entrinnen? Wahrlich, auf dem Fechtplatze, wo unsre Jugend zu nerviger Stärke geübt wurde, oder im harten Lager, jeder Beleidigung der Jahrszeit und der Witterung ausgesetzt, und im Angesicht der blutigen Schlacht, um und um von Gefahren umgeben, in deren jeder der Tod dräuete, hat er mich nicht so feigherzig kennen gelernt, dafs mich ein Weib zu ihren Füfsen sollte legen können! — Aber vielleicht ist es schwerer, diese süfsen reitzenden Gefahren zu besiegen. — Noch habe ich nichts davon empfunden! Die Liebesgötter, die auf ihren Augenbraunen lauern oder um ihren Nacken flattern, müssen ihre Pfeile nicht scharf genug gespitzt haben, dafs sie so unschädlich an meinem Herzen abgleiten. — Oder soll vielleicht der nähere Umgang, der jede Vortrefflichkeit ihrer göttlichen Seele auf mich strahlen lassen wird, die sinnliche Gluth anfachen? — Weg mit diesem Unsinn! Der bloſse Schatten einer solchen Furcht beleidigt die erhabne Panthea und mich. Wenn Schönheit mit Weisheit vermählt ist; wenn Unschuld und keuscher Anstand ihre Sitten schmücken; wenn sie Tugenden hat, die uns zur Bewunderung reitzen: so müſste der ein Insekt seyn, oder doch würdig in einen Wurm zusammen geschrumpft auf der Erde zu kriechen, der, anstatt die Liebe ihrer Seele zu verdienen, mit schändlicher Demuth sich begnügte an ihrer äuſsern Schale zu kleben! — O Cyrus, wie konntest du deinen Freund einer solchen Verwandlung fähig glauben? Wäre Panthea nur schön, so hättest du mir mit keiner gröſsern Gefahr eine schöne Bildsäule zu bewahren geben mögen. Ist sie geistvoll, groſsmüthig, tugendhaft, warum sollen diese Vollkommenheiten gefährlich werden, weil sie durch den Flor der Schönheit hervor scheinen? — Nein! von einer Panthea hat selbst das schwächste Herz nichts zu besorgen! Muthig sehe ich den holden Stunden entgegen, die mich zu ihr führen werden, um neben ihr zu sitzen, sie anzuschauen, die Musik ihrer Lippen zu hören, und die höhere geistige Harmonie ihrer beredten Worte; oder sie, mit weiblicher Arbeit beschäftigt, unter ihren Sklavinnen zu sehen, die, obgleich jede von der Liebe selbst gebildet scheint, in bleichem Schimmer um sie her sitzen, gleich den Sternen, die den vollen Mond umschweben.

ZWEYTE ABTHEILUNG.

1.

Panthea. Araspes.

Panthea.

Das Bild, das du mir von Cyrus gemacht hast, ist so schön, als es ein muntrer Geist entwerfen kann, wenn die Freundschaft den Pinsel führt; und wofern es sich auch unter den Händen der Liebe verschönert hätte, so wäre es mir doch ein Beweis deines ruhmwürdigen Eifers für einen Fürsten, den du zugleich als deinen Freund liebst und als deinen zukünftigen Herrn verehrest. Vielleicht geziemt es mir am wenigsten, einigen Zweifel merken zu lassen, da ich in seinem Betragen gegen mich die stärkste Beglaubigung deiner Worte finden sollte. Aber vergieb mir, Araspes, ich kann denjenigen für keinen wahren Helden halten, der im Streiten und Erobern eine Belustigung findet, anstatt durch die menschenfreundlichen Künste des Friedens einen ewig dauernden Ruhm auf das Glück der Völker zu gründen.

Araspes. Du scheinst den Persischen Prinzen von dieser Seite nicht recht zu kennen. Du bist durch falsche Nachrichten getäuscht, wenn du ihn mit diesen wilden Helden vermengest, denen das rauchende Schlachtfeld ein lieblicher Anblick, und das Ächzen der Sterbenden Musik ist. Er sucht in der Glückseligkeit der Menschen seine eigene; und wenn er das Schwert zieht, so geschieht es um dem Frieden mit seinem ganzen segensvollen Gefolge einen dauerhaften Sitz zu erstreiten.

Panthea. Aber ist nicht dieses, was du sagst, der schöne Schleier, womit auch Tyrannen die Ungerechtigkeit ihrer Gewaltthaten zu verhüllen suchen? Wenn Gewinnsucht oder blinde Ruhmbegierde den Krieg beschlossen hat, so wird es niemahls an einem Vorwande fehlen, wodurch wenigstens der Wohlstand geschonet wird, mit dem sich diejenigen am stärksten zu verschanzen pflegen, die sich am wenigsten gutes bewufst sind. Ich zweifle aber sehr, ob sich der Fall öfters ereigne, dafs der Krieg das einzige Mittel ist, sich vor dem Untergang, oder vor dem, was noch ärger ist als der Tod, vor Sklaverey, zu schützen. Wie viel gelindere Mittel sind in jedem Falle möglich! Und sollte nicht ein Menschenfreund geneigt seyn, selbst mit Aufopferung grofser Vortheile, das Leben so vieler Tausende, die Wohlfahrt ganzer Völker, zu erhalten? Was hat der ehrwürdige, friedsame Landmann verschuldet, dessen rastloser Fleifs der kargen Erde unsern Unterhalt abzwingt? Was haben die wehrlosen Weiber und die Säuglinge an ihrer blutenden Brust verschuldet, dafs sie der Raubbegierde, dem Stolz, oder der Rachsucht etlicher Unmenschen aufgeopfert werden sollen? Rufe nur die schrecklichen Scenen, die du besser als ich kennest, vor deine Augen! — Menschen gegen Menschen, Brüder, die, ihrer Blutsfreundschaft uneingedenk, Wuth und Verderben gegen einander schnauben; das Schlachtfeld mit Sterbenden bedeckt; die Ströme von Blut aufgeschwollen; die schauernde Luft vom Winseln der Verwundeten erregt, die dem langsamen Tode flehen, dafs er sie von einem quälenden Überrest von Leben befreyen wolle! O wie jammert jetzt die verlafsne Mutter, von den Leichen ihrer Kinder umgeben, um die verwelkten Hoffnungen ihrer Jugend, die gesunkenen Stützen ihres hülflosen Alters! Die zärtliche Gattin rauft auf dem Grabe des geliebten Mannes in stummer thränenloser Verzweiflung ihre unverschuldeten Haare, indem eine junge verwaiste Schaar mit kläglichem Gewinsel ihren Vater von ihr fordert. Das jungfräuliche Mädchen, zu einer bessern Hoffnung geboren, wird gemifsbraucht, in sklavischem Aufzug das Bett eines barbarischen Herrn zu besorgen, wofern sie nicht lieber durch einen freywilligen Tod der schändlichen Dienstbarkeit zuvorkommt. Die heiligsten Bande, womit Liebe und Treue die geselligen Menschen vereinbart, werden frevelhaft zerrissen. Das keusche Weib wird aus den Armen ihres Ehemanns, die aufblühende Tochter aus den beschützenden Augen ihrer Mutter fortgeschleppt. Schaarenweise fliehen die alten Bewohner aus ihren väterlichen Gütern, und sehen mit wehmüthigem Blick in die Flammen zurück, die ihre stillen Hütten verzehren. Allenthalben schreckt sie das Bild der Zerstörung und des Todes. Das schöne Angesicht der Natur ist unkenntlich; Verwüstung trauert auf den Gefilden, die vor kurzem wie Paradiese in blühender Fülle standen; keine frohlockende Stimme, kein kunstloser Waldgesang der unschuldigen Hirtin, von sanfter Freude eingegeben, schallet mehr um die nackten Hügel und die unbewohnten Thäler, die kürzlich von glücklichen Menschen wimmelten. — Es wäre Grausamkeit ein so unmenschliches Gemählde zu vollenden. — Aber laſs mich die Frage erneuern, Araspes, wie kann sich ein Menschenfreund entschlieſsen, über ein friedsames Volk allen diesen Jammer aufzuhäufen? und, wofern auch sein Zorn gereitzt ist, den Übermuth eines Einzigen an Hunderttausenden zu strafen?

Araspes. Wenn keine Lasterhaften wären, o Panthea, so würde der rechtschaffene Mann nie genöthigt seyn, sein Vaterland, seine Freyheit und sein Leben gegen gesetzlose Gewaltthaten zu schützen. Aber so lang' es Tyrannen giebt, die den Menschen seiner angebornen Rechte berauben, ihn zu den grasenden Thieren herab stoſsen, oder mit unersättlicher Begierde nach dem Eigenthum ihrer Nachbarn geitzen, und den steigenden Flor eines freyen Volks als eine Beleidigung ansehen, die nur das rächende Schwert aussöhnen kann: so lange ist es unmöglich, den Krieg aus der Menge der menschlichen Übel hinweg zu thun. Der eigne Vortheil eines Fürsten entscheidet hier nichts. Die Würde, die ihm zu behaupten auferlegt ist, erlaubt ihm nicht, den Wohlstand seines Volks einem Tyrannen Preis zu geben, oder sich, gleich einem unmenschlichen Vater, derjenigen zu entsagen, die durch die engesten Bande an seine Seele gebunden sind. Das Gemählde des Kriegs, das du so rührend entworfen und durch den gefühlvollen Ausdruck deiner Augen noch rührender gemacht hast, ist nur allzu ähnlich. Der Menschenfreund beklagt das Elend, welches er zu verursachen gezwungen wird, um ein gröſseres abzuwenden; und mitten im lauten Gepränge des Sieges schleichen sich mitleidige Thränen seine Wangen herab, die sich eines Lobes, das so theuer erkauft werden muſs, schämen. Aber sage mir, sollten die Meder und Perser gleichgültig zusehen, wenn der Assyrische König ihre Grenzen verwüstet? wenn er mächtige Fürsten durch erdichtete Klagen wieder sie erhitzt? wenn er einen geheimen verrätherischen Bund gegen sie anzettelt, und sich mit seinen schändlichen Mitverschwornen, von übermüthiger Hoffnung gebläht, schon eh' er gesiegt hat, in ihre Beute theilt? Sollten sie dem heran nahenden Untergang gleichgültig entgegen sehen; oder befiehlt nicht Pflicht, Ehre und Klugheit, einem solchen Feinde zuvorzukommen, und den abgewandten Streich auf sein eignes Haupt zu führen? Wenn Cyrus alle Drangsale des Kriegs über seine Feinde herwälzt, so errettet er in dem gleichen Augenblick ganze Völker, mit denen er durch engere Bande verknüpft ist, von eben diesen oder von noch gröſsern Übeln, die er nur durch dieses Mittel von ihnen abwenden kann. Sein Glück, welches mit seinen Verdiensten einen Bund gemacht zu haben scheint, ist selbst seinen Feinden vortheilhaft. Er siehet nur diejenigen für Feinde an, deren Ehrgeitz und Raubsucht ihn genöthigt haben das Schwert zu ziehen, welches er nur zum Schutz der Unschuldigen und Hülflosen, und zur Züchtigung der Bösen führt. Daher schont er der Assyrischen Provinzen so sehr, als es die gesetzlose Nothwendigkeit erlaubt; er hält die Gefangenen gnädig, und beschirmt einen jeden, der lieber seine Gnade als seinen Zorn verdienen will, im Besitze seines Eigenthums. Ich versichere dich, Panthea, selbst die Assyrer, die ihn gesehen haben, lieben ihn, und sind bereit gegen einen so groſsmüthigen Feind einen Landsherrn zu vertauschen, an den sie nur durch Auflagen und gewaltthätige Bedrückungen erinnert werden.

Panthea. Ich gestehe dir, Araspes, daſs ich, ehe du mich besser belehrtest, diesen jungen Helden für einen hochfahrenden, ruhmsüchtigen Jüngling hielt, der, von schimmernden Dunstbildern einer falschen Ehre angelockt, dem unbesonnenen Wunsche nachjage, sich ein grenzenloses Reich zu erstreiten, und seinen Thron auf den Nacken der bezwungenen Welt zu setzen. Ich hielt seine Klagen gegen den König von Assyrien für einen eiteln

Vorwand, in welchen er seine wahren Absichten einhüllen wolle. Sowohl das allgemeine Gerücht, als sein letztes Betragen gegen die Armenier und Chaldäer, bestärkte meine Vermuthung. Denn was ist glaublicher, als daſs sich derjenige das gröſste Ziel vorstecke, der einen so königlichen Geist in sich fühlt; dem Hindernisse und Gefahren nur Reitzungen sind; der jede Gelegenheit zum Streiten für einen Ruf des Sieges ansiehet, und dem sein angeborner Muth und die rauhe Persische Erziehung den Krieg eher zu einem Lustspiel, als zu einer beschwerlichen Arbeit gemacht haben?

Araspes. Erlaube mir nur, schöne Königin, mein Gemählde von Cyrus zu vollenden, so wirst du, anstatt ihn einiges Tadels schuldig zu finden, eher anstehen, ob du den für einen bloſsen Sterblichen halten sollest, der in jeder Vollkommenheit so wenige, und in vereinigtem Besitz derselben keinen seines gleichen hat. Ich kenne ihn zu wohl, als daſs ich zu viel versprechen sollte. Von dem Tage an, da er als ein noch junger Knabe an den Hof des Königs von Medien, seines Groſsvaters, kam, bin ich nie von seiner Seite gewichen. Mein günstiges Glück gab mir seine vorzügliche Liebe, und die Erlaubniſs ein vertrauter Zeuge aller seiner Handlungen, ja selbst ein Theilnehmer seiner geheimern Gedanken zu seyn. Schon damahls entwickelte sich der erhabne Karakter, der jetzt durch jeden neuen Anlaſs zur Vollkommenheit ausgebildet wird. Sein Geist schien allzu feurig, die Grade langsam zu durchschleichen, durch welche der schwache Leib zur Blüthe und männlichen Stärke heran wächst. Er zeigte in seinem Betragen eine Güte und Zärtlichkeit des Herzens mit einer unbiegsamen Standhaftigkeit und mit einer Kühnheit vereint, die nichts zu erschrecken vermochte; und die Vereinigung dieser sonst widerwärtigen Eigenschaften versprach schon damahls unsern weisesten Alten einen zukünftigen Helden, der die Welt mit seinem Ruhm beschäftigen würde. Wie sehr hat er seitdem selbst unsere gröſsten Erwartungen übertroffen, nachdem er die Jahre erreicht hat, in welchen der reife Jüngling sich in den Mann verliert! Seine groſsmüthige Seele umfasset das menschliche Geschlecht. Sein Mitleiden eilt unerbeten jedem Hülfsbedürftigen entgegen. Seine Seele ergetzt sich am Anblick der Ordnung und des Wohlstands, die er gestiftet hat. Wie oft sah ich ein göttliches Lächeln über sein majestätisches Gesicht herab glänzen, wenn er diejenigen um ihre Gegenliebe als die einzige Belohnung ersuchte, die er, ohne daſs sie es um ihn verdienten, glücklich gemacht hatte! Wie viel darf die Welt von einer solchen Güte erwarten, die von einem so mächtigen und thätigen Geiste regiert wird! Seine Erfindungskraft ist unerschöpflich an Mitteln, seine Absichten zu befördern. Er entschliefst sich selten ohne eine langsame Berathschlagung mit sich selbst; obgleich, wenn es die Noth erfordert, die Schnelligkeit seiner Gedanken dem Blitze gleich ist. Aber in der Ausführung eines Vorhabens däucht er mir nur mit den Göttern zu vergleichen, deren stille unsichtbare Wirksamkeit zu schlummern scheint, bis ihre geheime Arbeit uns unvermuthet überrascht, und vollendet vor unserm erstaunten Auge da steht, ohne dafs wir die Triebfedern wahrnehmen, wodurch sie herbey gebracht worden. Wenn ich alle diese Vorzüge, die ihn so weit über andre erheben, überdenke, so weissagt ihm meine Hoffnung ein Glück, das seiner würdig ist; und er scheint mir von dem obersten Beherrscher der Geister dazu bestimmt zu seyn, einen grofsen Theil des menschlichen Geschlechts zu beglücken, und den Königen, die auf ihn folgen werden, ein Vorbild zu seyn. Vielleicht ahndet seiner grofsen Seele etwas von den Absichten des Himmels mit ihm. Wie könnte er der einzige seyn, der die Obermacht nicht merkte, die seine Weisheit, seine Beredsamkeit, seine Grofsmuth, über die Herzen der Menschen ausübt? Cyrus hat nicht nöthig die Völker mit Waffen zu bezwingen; seine unwiderstehliche Güte, und die durch so viel

Anmuth gemilderte Hoheit seiner Person wird sie mit sanfter Gewalt in den Schatten seines Thrones locken. Eine Reihe Begebenheiten, von denen ich vor kurzem Zeuge war, bestätigt meine Hoffnung. Du erwähntest ihrer, Panthea; aber mich dünkt, das Gerücht habe dir das Betragen des Cyrus in einem falschen Lichte gezeigt.

Panthea. Mich verlangt sehr, besser von dir berichtet zu werden, obgleich deine Erzählung mich schon ganz für deinen Helden eingenommen hat. Wie gefällt mir diese freundschaftliche Hitze, die deine Ausdrücke belebt und auf deinen Wangen glüht, wenn du von Cyrus redest! Die Liebe, die du für seine Tugend fühlst, ist mir ein Beweis von deiner eignen. Die Thaten der Tugendhaften, von Freunden der Tugend gepriesen, sind die angenehmste Musik für meine Seele.

Araspes. Und ich, schöne Panthea, kenne kein Vergnügen, welches dem gleich wäre, deine Aufmerksamkeit mit dem Lobe des Cyrus zu unterhalten. Was ich dir jetzt erzählen will, wird dir in vollem Lichte zeigen, wie er sich seiner Obermacht über die geringern Menschen bedient. Der König von Armenien, welchen Astyages, der Vater des jetzigen Königs von Medien, als einen ungerechten Störer der nachbarlichen Eintracht, zum Vasallen gedehmüthiget hatte, weigerte sich, so bald ihm die Absichten der Assyrer bekannt wurden, den jährlichen Tribut zu bezahlen, und die Hülfsvölker zu schicken, die er dem Medischen Könige schuldig war. Diese Untreue schien bey den gegenwärtigen Umständen gefährlich; denn man sah wohl, daſs der König von Armenien nur auf einen günstigen Wink des Glücks warte, um sich mit den Feinden der Meder und Perser zu vereinigen. Die Mittel, ihn zum Gehorsam zu bringen, waren entweder zu langsam oder zu gefährlich. Unentschlossen wankte Cyaxares schon etliche Tage von einem Vorsatz zum andern; als sich endlich Cyrus, der den kleinsten Aufschub in wichtigen Geschäften hasset, freywillig anbot, den rebellischen König nicht nur zu seiner Pflicht zu nöthigen, sondern ihn sogar zu einem getreuen Freunde des Cyaxares zu machen. Mit keinem gröſsern Haufen, als der Vorwand einer Jagd auf den Armenischen Grenzen unverdächtig machen konnte, rückte er, so unvermuthet als eine erscheinende Gottheit, bis vor die Hauptstadt des Rebellen, der, ohne einen vergeblichen Widerstand zu wagen, kaum Muth genug behielt, auf die Flucht zu denken. Allein Cyrus hatte schon alle Auswege versperrt; die Gemahlin und die Kinder des Armeniers, welche mit seinen Schätzen ins

Gebirge geflüchtet werden sollten, kamen in seine Gewalt. Der König selbst, auf einem Hügel, wohin er geflohen war, von allen Seiten eingeschlossen, mufste sich ohne Bedingung ergeben. Cyrus richtete ihn im Angesicht der Perser und Armenier, und fing ihn so geschickt in einem unsichtbaren Netze künstlicher Fragen, dafs er sich selbst wider seine Absicht das Todesurtheil sprach. Der Sieger schien Anfangs zu zweifeln, ob er nicht der strafenden Gerechtigkeit den Lauf lassen sollte. Nicht als ob er wirklich unentschlossen gewesen wäre: er wollte ihm nur durch den Anblick des Todes einen tiefern Eindruck von seinem Verbrechen geben; und überdiefs war es ihm lieber, dafs seine Gemahlin und Kinder die Begnadigung ihres Ehemanns und Vaters mehr ihren vorbittenden Thränen, als seiner Willkühr, zuschreiben möchten. Er vergab endlich dem König von Armenien auf eine Art, worin Ernst mit Güte gemischt war; und doch so edel, dafs er aus einem treulosen wankenden Vasallen einen Freund machte, der sich durch Dankbarkeit stärker gebunden hielt, als Furcht und Verträge binden können. Die Weisheit seiner Reden und die Billigkeit seiner Art zu handeln gewannen das Herz des überwundnen Königs, den die gefühlte Obermacht allein nur mit Mifstrauen und Abscheu erfüllen konnte. Er entdeckte dem grofsmüthigen Überwinder die ganze Stärke seines Reichs, und überliefs seine Schätze und sein Heer seiner Willkühr; aber Cyrus bediente sich beider mit der weisen Mäfsigung, die ihn im Glücke nie verläfst. Er liefs dem König die Hälfte seiner Völker, so bald er vernahm dafs er mit den Chaldäern in Feindschaft lebe. Und so schied er, nachdem er in einem einzigen Tag alles in Ordnung gebracht, von Tigranes, dem ältesten Sohne des Königs, und einem Theile der Armenischen Truppen begleitet, und liefs jedermann von seiner Grofsmuth und Klugheit und von der männlichen Schönheit und Majestät seiner Gestalt entzückt.

Indessen arbeitete sein immer geschäftiger Geist schon wieder an einem grofsen Vorhaben. Er beschlofs, die Wurzel der Zwietracht zwischen den Chaldäern und Armeniern auszureuten, welche beiden Völkern gleich verderblich war. Die Chaldäer, die nächsten Nachbarn der Armenier, sind ein streitbares Volk, rauh von Sitten, und Liebhaber der Freyheit. Sie bewohnen ein gebirgiges undankbares Land; glücklich, wenn sie es zu seyn glaubten, da ihre Armuth mehr in einer Unwissenheit der überflüssigen Dinge besteht, die unsere Wollust zu Nothwendigkeiten gemacht hat, als in einem Mangel des Wenigen, was die Natur fordert. Indessen machte sie doch sowohl die Unfruchtbarkeit ihres Landes als ihre Streitbarkeit zu beschwerlichen Nachbarn für die Armenier, die in den Künsten des Friedens geübter sind. Sie hielten die Berge, wodurch sie von Armenien abgesondert sind, beständig besetzt, und waren auf diesen Vortheil so trotzig, dafs sie von keinem billigen Frieden hören wollten. Cyrus bediente sich seiner gewöhnlichen Behendigkeit, die dem Gerüchte von seinem Vorhaben immer vorzueilen pflegt. Er bemächtigte sich ohne Schwierigkeit dieser Berge; denn die Chaldäer, so bald sie geübtere Widersacher fanden als die unkriegerischen Armenier, sahen sich nicht zahlreich genug, einen langen Widerstand zu thun. Einige verloren das Leben, einige wurden verwundet; die meisten aber kamen unbeschädigt in die Gewalt der Perser.

Panthea. Mich wundert, Araspes, wie du deinen Prinzen ohne Verletzung seiner Gerechtigkeit und Güte aus dieser Unternehmung heraus wickeln wirst, die beym ersten Anblick sehr unregelmäfsig erscheint.

Araspes. Ich zweifle sogar, ob man sie unregelmäfsig nennen kann, da Cyrus, der die Stelle des Cyaxares vertrat, ein Recht hatte, den Armeniern, seinen Schutzverwandten, Sicherheit zu verschaffen. Aber höre nur den Verfolg. Er befahl sogleich, die Verwundeten aufs sorgfältigste zu pflegen und den Gefangnen die Fesseln abzunehmen. Er ging selbst zu ihnen, und sagte ihnen mit der Miene der Wahrheit, die niemand an seinen Worten zweifeln läfst: 1)

„Ich bin nicht gekommen, euch zu zerstören, oder der Freyheit zu berauben, die das angeborne Recht des Menschen ist; sondern im Gegentheil einen dauerhaften Frieden zwischen euch und den Armeniern auf euern gemeinschaftlichen Vortheil zu gründen. Die Erfahrung wird euch überzeugen, dafs ich dadurch euere Rechte nicht verletze, wenn ich euch die Macht Böses zu thun benehme. Ehe ich mich dieser Berge bemächtigt hatte, wolltet ihr von keinem Frieden hören, weil ihr selbst von den Armeniern bedeckt waret, und so oft als es euch beliebte ihre Felder des goldenen Schmucks, und ihre Vorrathskammern des Überflusses berauben konntet, den die Natur zur Belohnung ihrer Arbeit bestimmt hatte. Jetzt sehet ihr selbst, was euer eigner Vortheil fordert. Ich setze euch wieder in Freyheit. Fraget euere Landsleute, ob sie lieber in Streit oder in Freundschaft mit uns leben wollen. Wählet ihr das erste, so

1) Die folgende Stelle ist wörtlich aus dem Xenofon übersetzt.

kommt nicht anders als mit den Waffen in der Faust zurück; verlanget ihr aber, wie wir, nach dem Frieden, so sollet ihr Ursache finden, euch dieser Wahl zu erfreuen."

Als ihm die Chaldäer für diese gütige Begegnung danken wollten, setzte er hinzu: „Danket mir nicht für ein Betragen, welches ich euch als frey gebornen Menschen schuldig bin, und das der Absicht gemäſs ist, weſswegen ich euch so unvermuthet überrascht habe. Ich hasse alle Gewaltthaten; und wofern ihr es nicht selbst verwehret, so sollet ihr mich niemahls anders als euern Freund erfahren."

Indessen daſs die Chaldäer, voll vom Lobe des Cyrus, zu ihren Landsleuten reiseten, kam eine Menge Arbeiter an, die er von dem Armenischen König verlangt hatte, um eine feste Schanze auf diesen Bergen anzulegen. Sie war schon halb fertig, als die Chaldäer zurück kamen, und diesen seltsamen Fremdling, den ihre Einbildungskraft beynahe vergötterte, um den Frieden baten. Ohne Zweifel, sagte er zu ihnen, verlanget ihr Frieden, weil ihr mehr Sicherheit im Frieden findet als im Kriege? Und wie, wenn euch der Friede noch gröſsere Vortheile mitbringt, als ihr erwartet? — Desto mehr wird er uns willkommen seyn, versetzten die Chaldäer. — Haltet ihr euch, fuhr er fort, nicht deſswegen für arm, weil es euch an fruchtbarem Boden mangelt? — Sie gestanden es ein. — „Wäret ihr also nicht zufrieden, wenn euch erlaubt würde, einen Theil der Armenischen Felder zu bauen, unter der Bedingung, dem König die gleichen Abgaben zu entrichten wie seine Unterthanen?“ — Allerdings, antworteten die Chaldäer; wenn wir nur sicher sind, daſs wir keine Gefahr daher zu besorgen haben. — Hier befragte Cyrus den König, ob er es zufrieden sey, den Chaldäern unter der gedachten Bedingung die Nutzung derjenigen Felder zu verstatten, welche, wie der Prinz unterwegs beobachtet hatte, ungebaut lagen? Warum nicht? antwortete der König; meine Einkünfte würden dadurch beträchtlich wachsen. — Und ihr, fuhr er fort, indem er sich zu den Chaldäern wandte, wolltet ihr nicht dagegen den Armeniern erlauben, ihre Herden auf euern fetten Gebirgen weiden zu lassen, wofern sie versprechen, euch dafür einen billigen Zins zu bezahlen? — Wie sollten wir uns, antworteten sie, eines beträchtlichen Vortheils weigern, den wir nicht mit der geringsten Arbeit erkaufen müſsten? — Auch der König von Armenien lieſs sich diesen Vorschlag gefallen, wofern seine Leute keine Gefahr dabey liefen. — Wärest du nicht sicher, fragte ihn Cyrus, wenn du auf diesen Bergen eine Besatzung hieltest? — Der König säumte nicht ja zu sagen; aber die Chaldäer widersetzten sich, und behaupteten, daſs sie in diesem Falle nicht sicher wären. — So werdet ihr also, sagte Cyrus, Meister von den Bergen bleiben wollen? — Die Chaldäer gestanden, daſs sie dieses wünschten; allein der König von Armenien konnte dieses, seiner eignen Sicherheit wegen, eben so wenig zugestehen. — So höret denn, sagte Cyrus, was ich thun will: ich will diese Berge keinem von euch beiden zurück geben, sondern sie selbst bewachen lassen; und wenn ihr künftig mit einander zerfallen solltet, so soll der Unrecht leidende allezeit meines Schutzes gewiſs seyn können.

Dieser Vorschlag wurde von beiden Seiten gebilliget. Sie gestanden, daſs er das einzige Mittel zu einem sichern Frieden sey. Beide Völker vereinigten sich hierauf in das engeste Bündniſs, und beschlossen durch Vermählungen in Ein Volk zusammen zu wachsen, dessen Vortheile, so eng in einander verschlungen, keine Zwietracht mehr zulassen. Die Freude über diesen Vergleich verbreitete sich schnell durch beide Länder. Ein Geist des Friedens schien sie plötzlich angehaucht zu haben; alles erschallte von Lobsprüchen und Segnungen des jungen Helden, der unter ihnen erschienen war, ihre Glückseligkeit zu befestigen, und die Wohlthaten des Friedens über sie auszuschütten.

Seine grofsmüthigen Gesinnungen bemeisterten sich auch der kleinsten Seelen, und die ehmahls von der unedelsten Selbstheit getrieben wurden, begriffen jetzt, dafs wir nur dann für unsern eignen Vortheil arbeiten, wenn wir andern nützlich sind, und dafs nur der allgemeine Wohlstand das Glück einzelner Menschen sicher stellt. — Wie erfreue ich mich, Panthea, in deinem schönen Gesichte die Wirkungen zu lesen, die ich von meiner Erzählung hoffte!

Panthea. Ja, sie hat ihre Wirkung gethan, Araspes! Ich erkenne in dem Betragen deines Fürsten die unzweydeutige Miene eines wahrhaft grofsen Mannes. Diese Chaldäer hatten wohl Recht, ihn für einen menschenfreundlichen Gott zu halten; denn es ist ein göttliches Geschäft, Eintracht und Ordnung unter den Menschen zu stiften, und eine göttliche Wollust, Glückliche zu machen. Der grofse Haufe der Sterblichen gleicht einem unbeseelten Leibe, wofern er nicht von einem Geist aus einer höhern Ordnung regiert wird, der seine Bewegungen lenket, seine Aufwallungen mäfsigt, und seinen Bedürfnissen abhilft. Ohne einen Cyrus hätte die Zwietracht vielleicht diese beiden Völker aufgerieben, obgleich das Mittel, wodurch er sie in Harmonie stimmte, so leicht und einfältig scheint, dafs es sich einem jeden von selbst hätte anbieten sollen. So schmiegen sich die heilsamsten Pflanzen unbemerkt unter unsern Füſsen, bis ein Weiser, vertraut mit der Natur, ihre wohlthätigen Kräfte entdeckt, und das erstaunte Volk belehrt, daſs die Genesung unter seinen Tritten keime. Jetzt preise ich diesen erhabnen Stolz, wenn es Stolz ist, dieses edle Bewuſstseyn, wodurch er sich geboren fühlt die Angelegenheiten der Völker zu schlichten, ihnen Gesetze zu geben, und die Ungehorsamen mit liebreicher Gewalt zu nöthigen, sich ihrer unerkannten Vortheile zu bedienen. Nur einem solchen Geist ist die Begierde zu herrschen anständig, den seine höhere Weisheit zum Rathgeber, und seine vorsorgende Güte zum Vater der Menschen macht.

Araspes. Ich kenne keine heftigere Begierde in seiner groſsmüthigen Seele, als die Begierde von allen Menschen geliebt zu seyn; eine Begierde, die ihn unaufhörlich anspornt, die Liebe zu verdienen, in welche er sein Glück und seine Ehre setzt. Was für Vortheile, hörte ich ihn einst sagen, hat ein König vor dem unbillig verachteten Bewohner der Strohhütte, wenn es nicht der ist, daſs er einen jeden so zu sagen nöthigen kann, ihn zu lieben? Welch ein Vergnügen ist es, in jedem Gesichte, das uns umgiebt, Zufriedenheit und stille Hoffnung lächeln zu sehen! Was für ein süſser Anblick ist mir die trunkne Freude eines Menschen, den ich mit einer unvermutheten Wohlthat überrasche! Ich würde keine Ruhe haben, wenn ich auf der Stirn irgend eines Redlichen einen geheimen Kummer beobachtet hätte, ohne ihn zerstreut zu haben ehe die Sonne untergeht. Glaubet mir, meine Freunde, fuhr er fort, — doch ihr werdet es selbst erfahren — es ist eine Wollust im Wohlthun, von welcher der König von Assyrien mitten unter seinen schönen Beyschläferinnen nichts weiſs. Wenn ihn die süſsesten Gerüche aus Arabien umduften, wenn die niedlichsten Speisen und die geistigsten Weine seinen Gaum, und die lieblichsten Symfonien sein Ohr kitzeln; wenn seine lüsternen Augen unter tausend blühenden Schönen ungewiſs irren, um diejenige zu suchen, welche sein ermüdetes Gefühl aufwecken soll: so genieſst er Freuden, welche ein unangesehener Wurm, den doch die Natur vielleicht prächtiger geschmückt hat als ihn aller Übermuth der Kunst schmücken kann, viel lauterer genieſst, ohne von Ekel und ungesättigten Begierden zugleich gequälet zu werden. Aber die Freuden des Menschenfreundes und die Wonne eines Gottes strömen, nur im Grade verschieden, aus der gleichen Quelle. Ja, meine Freunde, ich fühle es, daſs etwas vergötterndes in diesen Empfindungen ist; mich dünkt, meine eignen Bedürfnisse nehmen ab, je mehr ich die eurigen vermindre, und meine Glückseligkeit werde immer unbegrenzter, je mehr ich andre glücklich mache. — Du staunest, Panthea? dein Gesicht glänzt von tugendhafter Entzückung, sanfte Thränen gleiten deine glühenden Wangen hinab? Was für Rührungen —

Panthea. O Abradates, diese Züge bringen dein geliebtes Bild vor meine Augen! Wer hat dich jemahls gesehen, ohne dich zu lieben? In welchem Auge glänzte dir nicht Beyfall und Dank entgegen, wo du gingest? Stolz auf den süfsen Vaternahmen, verschmähtest du die eiteln Titel und das sklavische Gepränge, womit unwürdige Könige den Hafs eines unterdrückten Volkes zum Heucheln zwingen wollen. Sollte so viel Tugend, ein so königliches Herz — Nein! meine frevelhafte Furcht beleidiget den Himmel! Abradates lebt ein Freund des Cyrus zu werden. Cyrus mag ihn in andern Vollkommenheiten übertreffen; aber Grofsmuth, Araspes, und jede menschenfreundliche Tugend haben sie in gleichem Mafs aus den Händen der Natur empfangen. — Welch ein glorreiches Werk, wenn ich diese verschwisterten Seelen einander nähern könnte! Ja, wenn das Schicksal meine Hoffnung nicht täuscht, so hoffe ich ein Mittel zu werden, die edle Sehnsucht des Cyrus nach Liebe durch die Freundschaft eines Mannes zu bereichern, der es würdig ist an seinem Herzen und an seinen Thaten Antheil zu haben. — Aber mich dünkt, ich höre ein Getümmel wie von wieder kommenden Siegern — Ihre muthigen Rosse scheinen Triumf zu wiehern — Ach! mein pochendes Herz! —

Araspes. Sey unbesorgt, o du, für welche der Himmel selbst, als für das schönste seiner Werke, sorget! Vielleicht bringen dir diese Ankommenden eine willkommene Botschaft. Mich dünkt, es sind die Meder, die von Verfolgung der flüchtigen Assyrer zurück kommen. Mein Freund Arasambes ist unter ihnen. Ich fliege, schöne Königin, um von ihm Nachrichten zu hohlen, die, wie ich hoffe, alle deine zärtlichen Sorgen in sanfte Ruhe wiegen werden.

2.

Arasambes. Araspes.

Arasambes.

Ein glücklicher Zufall hat meine dich suchenden Schritte auf deine Spur gebracht. Dank sey den himmlischen Beschützern der Freundschaft! ich sehe meinen Geliebten, meinen Araspes wieder. Wie süſs ist nach vollbrachter Arbeit diese frohe Umarmung!

Araspes. Willkommen, edler ruhmvoller Jüngling, den ich stolz bin, meinen Freund zu nennen. Laſs uns dort unter jenen umschattenden Palmen ausruhen, und unsere begierigen Seelen ungestört mit freundschaftlichen Gesprächen sättigen! O wie viel angenehme Neuigkeiten schweben dir auf meinen ungeduldigen Lippen entgegen! — Aber vergnüge du zuerst meine Neugier. Sage, durch was für Thaten ihr den Ruhm unsers Feldherrn behauptet habet, und was für neue Ehren um die glorreiche Stirne meines Arasambes blühen!

Arasambes. Du kennst mich, mein Freund. Ob ich es gleich für eine heilige Pflicht halte, für unser Vaterland oder für die gerechte Sache der Unterdrückten zu streiten: so haben doch die Lorbern, die vom Blute meiner Brüder triefen, keinen Reitz für mich. Du weifst, dafs uns Cyrus befahl, die Assyrer so weit zu verfolgen als wir könnten. Der gröfste Theil von uns setzte auf verschiedenen Wegen den zerstreuten Flüchtlingen nach. Ich war unter dem Haufen, welchem befohlen war, den Abradates einzuhohlen, der sich mit einer ansehnlichen Schaar Susianischer Reiter in langsamer Eile zurück zog. An der Zahl überlegen, gelang es uns ihn endlich zu umringen. Aber sein königlicher Geist verschmähte sich in Ketten zu schmiegen. Seine Gefahr schien jeden Susianer mit der ganzen unbändigen Wuth des Kriegs zu beseelen. Sie schlugen sich mit blutiger Arbeit durch unsern ermüdeten Haufen, bis die friedsame Nacht dazwischen kommend dem wilden Gefecht Einhalt that. Ich gestehe dir, Araspes, mein aufgehobner Arm blieb wie erstarrt schweben, da ich diesen Helden sah, dessen zarte, jugendlich blühende Schönheit keinen solchen Muth versprach.

Sein Liebe einhauchender Anblick schien über unsere Krieger die gleiche Macht zu haben. Wir wurden zum Weichen genöthigt. Allein unser Befehlshaber bestand darauf, nicht ohne Abradates zurück zu kehren. Der folgende Morgen erneuerte das Gefecht. Warum, dachte ich, soll ein so ruhmwürdiger Prinz nicht vielmehr ein Freund als ein Gegner des Cyrus seyn? Die Hoffnung dieser glücklichen Veränderung machte mich seine Gefangenschaft mit feurigem Eifer wünschen. Aber sein Widerstand ermüdete unsere streitbarsten Arme. Er entrann uns mit den auserlesensten, die ihm übrig geblieben waren, und mufste uns nur diejenigen unwillig zurück lassen, die aus Ermüdung, oder von ihren Wunden geschwächt, seiner Behendigkeit nicht folgen konnten. Die Gefangnen sagten uns, dafs er nach Susiane zurückkehre, um ein neues Heer zu bewaffnen, und wenigstens sein eignes Reich vor Gewaltthaten und Unterdrückung zu schützen.

Araspes. Er hat uns eine Beute zurück lassen müssen, die uns Bürge für seine eigne Person ist. Hast du nichts von der schönen Panthea gehört? von dieser göttlichen Schönheit, die nur der Umarmung eines Unsterblichen würdig ist? Sie ist eine Gefangene des Cyrus, und meiner Aufsicht von ihm übergeben worden.

Arasambes. Du hast ein gefährliches Amt übernommen, mein Freund, wenn gleich das Gerücht ihre Schönheit um die Hälfte vergröſsert.

Araspes. Glaube mir, wenn ich auch mit der honigtriefenden Zunge eines begeisterten Dichters ihre Reitzungen beschriebe, so würdest du doch, so bald du sie selbst sähest, meine stärksten Ausdrücke zu niedrig, meine lebhaftesten Farben zu matt, und mein ganzes Gemählde unkenntlich finden; so sehr ist sie über alle Beschreibung erhaben.

Arasambes. Dein Beyspiel, mein Freund, macht mich nicht ungeduldig, die Wahrheit deiner Versicherung mit meinen eignen Augen zu erkundigen.

Araspes. Es wird nicht nöthig seyn, daſs du sie sehest, wenn du so wenig Empfindung von dem Werth eines solchen Glücks hast. — Aber warum sagst du, mein Beyspiel ersticke dein Verlangen? Ich begreife nicht, was du damit sagen willst.

Arasambes. Vielleicht täuscht mich eine allzu sorgsame Freundschaft. Aber mich däucht, liebster Araspes, wenn ich aus dem Feuer deiner Ausdrücke und deiner noch beredtern

Augen schliefsen darf, die Schönheit dieser Susianerin habe allzu tiefe Eindrücke auf dein Herz gemacht, als dafs es für mich, dessen Herz minder stark ist als deines, sicher seyn könnte sie zu sehen.

Araspes. Was nennst du allzu tiefe Eindrücke, Arasambes? Soll es nicht erlaubt seyn, für die erhabensten Vorzüge empfindlich zu seyn? Diese Empfindlichkeit ist mein Ruhm! Kann ich ungetadelt eine Blume des Feldes bewundern: warum soll ich getadelt werden, wenn ich eine Panthea bewundere, deren Anblick selbst deine marmorne Kälte zu Entzückung glühen machen würde? Ja, ich bewundere sie; ich bin stolz darauf dafs mir nicht Einer ihrer nahmenlosen Reitze unempfunden entgeht, ob sie gleich tausend bey tausend sich in meine Augen drängen. Ich will dir noch mehr sagen, Arasambes: ich liebe sie, ich brenne vor Verlangen, sie so glücklich zu sehen als sie zu seyn verdient; und ich würde meine Seele selbst hingeben, wenn ich sie dadurch glücklich machen könnte.

Arasambes. Deine Hitze macht mich zittern, Araspes. Ich bin weit entfernt, dich anzuklagen, oder deine Liebe zu beleidigen, wenn es auch Liebe ist, was du für Panthea empfindest. Aber lafs mich nicht um der schönen

Panthea willen einen Freund verlieren, der mir so theuer als mein Leben ist; und verstatte meiner Zärtlichkeit das Recht, sich um alles zu bekümmern, was deine Ruhe befördern oder stören kann.

Araspes. Lafs mich dich umarmen, mein Arasambes, mein allezeit redlicher Freund, und vergieb meiner unbesonnenen Aufwallung. Deine Sorgfalt verdient meine dankbarsten Regungen, wenn sie gleich bey diesem Anlafs allzu ängstlich wäre. Ich sehe, dünkt mich, alles was du mir sagen willst — von der Gewalt der Schönheit, von dem süfsen Gift der Liebe, von der Gefahr mich in ihren Reitzungen so zu verstricken, dafs ich selbst meine Tugend zurück lassen mufs, ehe ich wieder entkommen kann. Aber wenn du diefs besorgest, mein Freund, so kennst du weder die Reinigkeit meiner Liebe, noch die Vollkommenheit, von der sie entzündet ist. Wer könnte Panthea wie eine Sterbliche lieben? Bey ihr verliert sich das liebreitzende Weib in die holde Majestät des Engels. Sie ist so ganz Seele, dafs ihr Leib nur ein Abglanz derselben scheint, oder ein ätherischer Schleier, die blendende Schönheit zu mildern, welche kein sterbliches Auge unverhüllt ertragen könnte. Wenn ich sie sehe, so ist mir als ob mich die Gegenwart einer Gottheit umstrahle. Ein sanfter lieblicher

Schauer wallt durch mein Wesen, meine Natur scheint sich zu erhöhen, mein Leib wird ätherisch, ich empfinde mit neuen Sinnen und athme eine reinere Luft. Wenn sie spricht, wird alles Musik um mich her; ihr zauberisches Lächeln scheint sich allem, was um sie ist, mitzutheilen; alles glänzt und blühet und erfreuet sich, wo sie zugegen ist. Jüngst lud uns der Mond ein, diese lustreiche Gegend bey seinem dämmernden Lichte zu durchwandeln. Mandane begleitete ihre Königin. O mein Freund, mir war, — ich finde keine Worte, meine Gefühle auszudrücken! So, glaube ich, ist den frommen Geistern zu Muthe, die, vom Leib entfesselt, sich zu den Unsterblichen empor geschwungen haben; so glänzen die bezauberten Auen, wo sie in süſser Geselligkeit umher schweben, wie mir an ihrer Seite der verschönerte Frühling entgegen glänzte. Die Blumen und balsamblühenden Stauden schütteten ihr süſsere Gerüche zu, der Mond schaute mit hellerm Antlitz auf sie herab, die ganze Natur schien auf die Empfindung stolz zu seyn, die sie ihrer himmlischen Seele einflöſste. Welch eine Lieblichkeit, sagte sie, verbreitet dieses milde weibliche Mondlicht über die schlafende Natur! Welch ein anmuthiger Abstich dieser entfärbten Schatten gegen die scharfen ermüdenden Farben, dieser sanften Stille gegen das laute Getümmel des Tages! Das ungewisse

Auge glaubt nur die Schatten der Dinge zu sehen, die kurz zuvor, vom Sonnenglanz vergoldet, in mannigfaltiger Pracht hervorragten. Allenthalben herrscht ein heiliges Stillschweigen, aufser wenn fernher eine Quelle über sanft neigende Hügel schläfrig murmelnd herab schleicht, oder irgend ein Zefyr, der unter jungen Blumen schlummerte, erwacht, und umher flatternd ihre süfsesten Gerüche von seinen Schwingen schüttelt. Fühlest du auch, Mandane, und du, Araspes, diese zauberische Ruhe, dieses Einschlummern aller Sorgen, dieses angenehme Staunen, welches ich jetzt fühle? Jetzt, da meine Sinne nur wie von leichten Träumen gerührt sind, scheinen alle meine Bekümmernisse eingewiegt, und die besänftigte Seele ist lauter Hoffnung. Wunderbare Ahnungen steigen in mir auf, und schwellen mein Herz mit stiller Sehnsucht nach Scenen von reiner unvermischter Wonne, die in blendendem Glanze schnell vor meinem Geiste vorüber blitzen. Was ich jetzt empfinde, Mandane, giebt allen deinen tröstenden Reden neue Stärke. Mir ist als ob ich, vom Getümmel der Sinne ungestört, die gegenwärtige Gottheit fühle. Wie süfs ruht die Natur unter ihren umschattenden Flügeln, indem der ganze Himmel seine strahlenden Heere vor dem Auge ihres Beherrschers aufführt! — So flofs ihr lieblicher Mund von den Gefühlen des schönsten

Herzens über, die durch ihre melodiereiche Stimme und durch ihre sanft begeisterte Miene noch mehr verschönert wurden!

Arasambes. Wie beredt ist die Sprache der Zärtlichkeit! Fahre fort, mein Freund; mich dünkt, ich wollte dir zuhören, bis uns die nächtlichen Schatten von hier vertreiben.

Araspes. O Arasambes, ich fühle hier ich weiſs nicht was für eine süſse Erleichterung, wenn ich die Empfindungen in deinen vertrauten Busen ausgieſse, von denen ich mich noch nicht erkühnt habe mit ihr selbst zu reden. — Und doch warum diese Furchtsamkeit? Was ist in allem was ich fühle, das sich selbst vor ihrer unbefleckten Unschuld verbergen müſste? Es wäre mir eben so unmöglich anders zu empfinden, als diesen azurnen Himmel ohne das Gefühl eines aufheiternden Behagens anzuschauen, oder die weiche erquikkende Luft ohne Vergnügen einzuathmen. Es ist nicht die Schönheit des Leibes, nicht diese untadelige Symmetrie ihrer Bildung, nicht dieses harmonische Gemisch von ergetzenden Farben und sanft wallenden Linien, was mich entzückt. O mein Freund, es ist eine höhere ursprüngliche Schönheit in ihr, von welcher alle diese äuſserlichen Reitze und Grazien ausfliefsen! Es ist ihre Seele, die eine so süfse Gewalt über die meinige hat! — Weg mit diesem zweifelnden Lächeln, Arasambes! Wenn du auch meines Herzens, welches du nicht unedel kennest, nicht schonen willst, so beleidige doch diese göttliche Schöne nicht! Ich bin noch nicht so lange um sie, dafs mich die Gewohnheit gegen ihre Vortrefflichkeiten stumpf hätte machen können. Jede Stunde entdeckt mir neue Ursachen sie zu bewundern; ihr Betragen ist Güte und Klugheit, mit liebenswürdiger Bescheidenheit geschmückt. In ihrem Reden und Thun ist die ungekünstelte Freyheit, die aus dem Bewufstseyn der Unschuld entspringt. Heroische Grofsmuth, mit der sanftesten Zärtlichkeit gemildert, erhitzt ihren Busen. Ihre Gestalt, ihre Worte, ihre Handlungen, alles ist Harmonie. Selbst in ihrer Bildung ist kein feineres Ebenmafs, sind keine richtigere Verhältnisse als in ihren Neigungen und Thaten. Sollte mich dieser Himmel von Tugenden nicht entzücken? O mein Freund, diefs sind Schönheiten, die ins innerste Herz dringen. Die äufsere Gestalt allein, wenn sie gleich alles hat, was die Sinne bezaubern kann, würde nur sanft schmeichelnd über meine Seele hinwallen: aber diese schwesterliche Vereinigung der Schönheit und Güte bemeistert sich des willigen Herzens, und selbst die Vernunft befiehlt mir ganz Liebe zu werden, um dem Werth einer solchen Vollkommenheit durch meine Empfindungen genug zu thun.

Arasambes. Glaube nicht, du edelmüthiger Jüngling, dafs ich diese Gefühle tadle, die mir vielmehr der stärkste Beweis von der Gesundheit und innern Güte deiner Seele sind. Diese zarte Empfindlichkeit für das Schöne und Vollkommne ist die Grundanlage zu allem, was der Mensch Grofses und Bewundernswürdiges thun kann, die echte Mutter des Heldengeistes und der Tugend! Ich liebe meinen Freund um dieser Empfindlichkeit willen, die weit über die kriechende Seele thierischer Menschen erhaben ist. Doch erlaube mir eine Frage, Araspes —

Araspes. Frage was du willst, mein Freund; mein Herz scheuet sich nicht vor deinen schärfsten Blicken, oder es müfste sich selbst unbekannt seyn.

Arasambes. Merkst du nicht, dafs deine Liebe schon durch mehr als Einen Grad gestiegen ist, und mit jedem Grade sich die Vollkommenheiten ihres Gegenstands gröfser und glänzender vorstellt?

Araspes. Wie kann es anders seyn, als dafs mir der nähere Zutritt mehr Vortrefflichkeit enthüllen mufste, als der erste flüchtige Anblick?

Arasambes. Und findest du nicht, daſs deine erhitzte Fantasie arbeitet, dir jeden ihrer Vorzüge wie unendlich vorzustellen? Dünkt dich nicht ihre Schönheit schöner, als alles was die ganze Natur Reitzendes hat? Dünkt dich nicht, als ob alles, was sie sagt oder thut, nicht besser gesagt und gethan werden könne? Glaubst du nicht, auch wenn du von den geringsten ihrer Reitzungen sprichst, von den kleinsten Grazien, die um ihre Lippen herum flattern, daſs alles, was du sagen kannst, matt und unzulänglich sey, obgleich in deinen Ausdrücken die ganze Hitze der Liebe glühet?

Araspes. Ich gestehe dir dieses, Arasambes; und nichts als ihre ungewöhnliche Liebenswürdigkeit kann mich rechtfertigen. Du würdest sie so sehr bewundern als ich, wenn du sie gesehen hättest.

Arasambes. Und doch wird dich ein einziger Augenblick ruhiger Überlegung nicht zweifeln lassen, daſs, wenn sie auch eine von den ätherischen Nymfen, von den rosenfarbenen Sylfiden wäre, von welchen unsere Dichter fabeln, dennoch alle ihre Vollkommenheiten mit Mängeln umgrenzt seyn müssen, wofern es anders ein Vorrecht der obersten Gottheit ist, ohne Mängel zu seyn.

Araspes. Wer wird hieran zweifeln? Ich will mit diesen feurigen Ausdrücken, die du mir beylegst, nichts andres sagen, als dafs ihre Schönheit und Tugend solche Eindrücke auf mich macht, die ich mit keinen Worten würdig zu beschreiben vermag.

Arasambes. Du hast dich noch nicht heraus gewickelt, mein liebster Freund. Ist es nicht etwas unbegreifliches, dafs ihre mit Mängeln beschattete Vollkommenheit so starke Eindrücke auf dich macht, als ob sie unendlich wäre?

Araspes. Was kann ich sagen, Arasambes, als dafs mein Gefühl deinen kalten Schlüssen widerspricht? — O Panthea! für dich sollte ich zu viel empfinden können? Kann ich denn meinen Empfindungen gebieten, wie stark sie seyn sollen? Sind sie nicht die Stimme der unbetrügerischen Natur? Wenn Panthea mich anlächelt, so dünkt mich, es sey keine Schönheit, die mich ihrem Anschauen einen Augenblick entlocken könnte. Ihr Athem ist mir lieblicher als der ganze Frühling, den die Arabischen Hügel ausduften; und es ist unmöglich, dafs mich selbst die Harmonie der Sfären mehr bezaubern könnte, als ihre süfse Stimme.

Arasambes. Ich glaube dir gern, dafs du alles dieses empfindest! Aber die Folge, die du daraus ziehen willst, ist darum nicht richtiger. Es ist immer noch unaufgelöst, warum deine Empfindungen gröſser sind als ihr Gegenstand. O mein Freund! es ist etwas geheimniſsvolles in unsrer Natur, das sich vielleicht erst in einer noch unbekannten Zukunft enthüllet. Die Weisheit, der ich meine früheste Jugend widmete, die mit der Morgenröthe mich weckte und in der stillen Nacht die Gespielin meiner Einsamkeit war, hat mir manchen kühnen Blick in das Heiligthum unsrer Seele und in das unsichtbare Reich der Geister erlaubt. Wenn sie mich nicht mit glänzenden Träumen getäuscht hat: so ist alles, was wir sehen, nur der Schatten dessen was w a h r h a f t i g ist; so sind wir zu den erhabensten Hoffnungen berechtigt, und alle unsre Neigungen, alle unsre stolzen Arbeiten, sind die Frucht einer dunkeln Ahnung, daſs wir für gröſsere Gegenstände und Verrichtungen gemacht sind, als die, worauf uns diese irdische Sfäre einschränkt. Alles was wir bewundern und lieben, diese Pracht der Natur, diese Harmonie der Dinge, alles was wir edel und anständig und groſs in menschlichen Sitten und Handlungen nennen, das alles sind nur mangelhafte Nachahmungen eines vollkommnen Urbildes, trübe Ausflüsse einer reinen Urquelle der Vollkommenheit, Ordnung und Schönheit, die wir mit andern Worten die oberste Gottheit, das Wesen der Wesen, die Seele der Welt und den König der Geister nennen. Die Blödigkeit unsers Verstandes erlaubt uns nur in dunkeln Bildern von dieser geheimnifsreichen Sache zu reden. Wie wenn die Sonne sich auf den zitternden Wellen abbildet, oder wie sie allen sichtbaren Dingen ihr eignes holdes Licht und ihre tausendfältigen Farben mittheilet: so strahlet alles was ist, etwas Göttliches aus, und pranget mit einer Schönheit und Güte, die nicht sein eigen ist. Rührt nicht diese körperliche Welt, nur von dem letzten fast verloschnen Schimmer der Gottheit angestrahlt, unsre ganze Seele mit heiliger Bewunderung? Die gefühlte Gottheit ist es, was wir so sehr bewundern — was Myriaden höherer Geister, die weit über uns in jenen lichtquellenden Gestirnen wohnen, noch mehr als wir bewundern. Und vielleicht genofs unsere Seele, ehe sie in diesen irdischen Schlamm gestürzt ward, schon jenes höhern Lebens, pflegte mit Göttern Umgang, und brachte diesen unbegrenzten Hang zum Vollkommnen als ein Merkmahl ihrer himmlischen Abkunft mit sich. Oder woher dieser stolze wunderbare Trieb nach dem Unendlichen, welchen doch unsre Schwäche zu verdammen scheint? Woher anders, als weil wir uns dunkel bewufst sind, — es mag nun entweder Wiedererinnerung oder weissagendes Vorgefühl seyn — dafs wir bestimmt sind, auf endlosen Stufen zu demjenigen hinauf zu klimmen, dessen nähere Gegenwart mit jeder Stufe neue Wunder, reineres Licht und göttlichere Scenen um sich her strahlet? Und können wir jetzt nicht auch jene nur scheinbare Ungereimtheit auflösen, die ich in deiner Liebe entdeckte? Unsere mit unendlicher Liebe befruchtete Seele, aber von Sinnlichkeit umnebelt, irret entweder im Gegenstand oder im Maſse der Liebe. In allem was die Natur unsern Sinnen oder unserm Verstande darbeut, in der körperlichen und geistigen Schönheit, athmet etwas Göttliches; die angezogene Seele flattert ihm entgegen, von innrer Ahnung und Begierde beflügelt; und wenn tausend Lieblichkeiten, tausend mannigfaltige schwesterliche Schönheiten die betrügliche Vergötterung rechtfertigen, so träumt sie den wahren Gegenstand ihrer Sehnsucht gefunden zu haben, und ergieſst ihre ganze Fülle von Liebe über ihn. Und wie könnte sie anders als lauter Entzückung seyn, so lange der gefällige Irrthum währet? — Erlaube mir nun, Araspes, zu dieser Entdeckung eine Erinnerung hinzu zu thun. Du liebest die vortreffliche Panthea; die Weisheit selbst billigt deine Liebe: aber sie kann sie nicht billigen, wenn du nicht glauben willst, daſs man selbst eine Panthea zu viel lieben könne. Hefte nicht eine Neigung, die so unbegrenzt ist als die Natur und ihr göttliches Urbild, auf einen einzelnen Gegenstand, wie schön er auch seyn mag. Deine Freunde, dein Vaterland, und dieses grenzenlose Ganze, von dem wir Glieder sind, haben stärkere Ansprüche an deine Liebe, als das vollkommenste Weib. Und vor allen Dingen — darf ich es sagen ohne deinen Unwillen zu reitzen? — glaube nicht, daſs deine Freyheit bey einer solchen Reitzung zu der einzigen Sklaverey, die uns angenehm ist, auſser Gefahr sey!

Araspes. Es ist etwas in mir, das deinen Gedanken Beyfall giebt und selbst deine Warnung billigt. Und doch empfinde ich ohne mein Wollen, daſs mir die bloſse Vermuthung einer solchen Gefahr, wovor du mich warnest, unerträglich ist. Was für eine Gefahr kann da seyn, wo Tugend und Weisheit mit der Schönheit und allen Grazien in vertraulicher Eintracht die gerechteste Liebe fordern?

Arasambes. Ehe du, vom Leib entfesselt, ganz Seele wirst und nur zu Seele dich näherst, schmeichle dir mit keiner Liebe, an die nicht auch der Leib seine Anforderungen mache. Der einzige Beweis, daſs du von ihrer Tugend am meisten gerührt bist, wird dieser seyn, wenn du deine eigne bewahrest.

Araspes. Ich danke dir, Arasambes! — Die Freundschaft giebt auch bittern Erinnerungen etwas von ihrer Süſsigkeit. Laſs es mir niemahls an deinem leitenden Winke fehlen, und halte mich, wenn du mich auf schlüpfrigen Wegen gleiten siehest! — Aber unter diesen Gesprächen vergesse ich, die schöne Panthea der Unruhe zu entreiſsen, welche eure Ankunft erneuert hat. Vielleicht schärft mein langes Verweilen alle ihre erwachten Besorgnisse. Laſs mich eilen, Arasambes, ihr liebendes Herz zu beruhigen — Oder willst du ihr nicht lieber selbst die angenehme Botschaft bringen?

Arasambes. Eile du zu ihr, mein Freund. Mich nöthigt gleichfalls die Liebe — zu einer Mutter zu eilen, die weder ihre grauen Haare noch mein dringendes Flehen zurück halten konnten, mich in dieses rauhe Lager und in die Gefahren und Abwechslungen des Kriegs zu begleiten. Ich sah sie nur einen Augenblick, um dich wieder zu umarmen. Nun fordert sie mich zurück. Ihr ehrwürdiges Antlitz, von mütterlicher Liebe glänzend, wird mir ein süſserer Anblick seyn, als wenn die Göttin der Schönheit selbst mit allen ihren unverhüllten Reitzungen vor meine Augen träte.

3.

ARASPES allein.

Ich kann nicht begreifen, was diese Leute träumen, dafs mich alle vor Gefahren warnen, die nirgends vorhanden sind. Wahrlich, wenn es gefährlich ist sie anzuschauen, und in ihrem Umgang die schnellen Stunden vorbey schlüpfen zu lassen, so ist es eine so süfse Gefahr, dafs sie viel eher reitzen als erschrecken könnte, und die Natur hat unbesonnen eine so süfse Wollust damit verbunden! — Aber diesen Leuten, deren weises Blut so gelassen durch die trägen Adern dahin schleicht, glühet jeder Affekt zu stark. Ihre eiskalte Fühllosigkeit soll das Mafs unsrer Empfindungen seyn; und weil ihre Nerven stumpf und unreitzbar sind, wünschen sie sich selbst zu ihrer Weisheit Glück. Nach ihren Reden sollte man zum wenigsten glauben, Panthea athme Flammen aus, oder verwandle, gleich der Gorgone, den, der sie ansieht, in Stein! Nein! ich fürchte keine Gefahr, Panthea, so lange mein Herz deinen Werth empfinden kann. Was kann bey dir meine Tugend verlieren? Ein einziger deiner Blicke wäre genug, mich durch tausend Hindernisse und Gefahren zu jeder edlen That zu beflügeln. Dein Lächeln wäre mir die reichste Belohnung für Herkulische Arbeiten, mehr als Kronen und Welten voll Sklaven der kleinen Seele des Eroberers! — Aber warum beschuldige ich meinen Freund? Er billigt, er rechtfertigt ja meine Liebe! — Wie könnt' er anders? Was verdient unsre Liebe, wenn Weisheit, und gefälliger Witz, und zärtliche Güte, und harmonische Schönheit, und eine Anmuth, die selbst die Ungestaltheit reitzend machen kann, nur Gleichgültigkeit verdienen sollten? — Aber er befiehlt mir, die Hitze der heiligen Flamme zu mäſsigen. Laſs doch sehen, worin meine Liebe ihren Werth überwiegt! — Vielleicht hat die Schönheit mein Auge gegen ihre Fehler verblendet? Vielleicht wird der öftere Umgang mir irgend einen Mangel an Groſsmuth, irgend einen Übelstand in ihrem Betragen, irgend ein Gebrechen ihrer Seele entdecken, das der täuschende Schein mir noch verborgen hat. — Ich verachte diesen unwürdigen Verdacht — aber ich bin mir selbst die Gerechtigkeit schuldig, meine Aufmerksamkeit zu verdoppeln. Mit Adlersblicken will ich ihre kleinsten

Handlungen, ihre geheimsten Regungen ausspähen: das wird die Bestätigung ihres unvergleichlichen Werths und der Triumf meiner Liebe seyn! — Aber schon bin ich vor dem Eingang ihres Gezelts. Welch ein süſser Schauer durchwandelt mein ganzes Wesen, indem ich mich ihr nähere! — Melde mich, Farnuchus, deiner Königin — Mich dünkt, ich höre ihre Stimme, sie bespricht sich mit Mandanen — Wie lieblich ist dieser halb zerfloſsne Klang! So tönt von ferne dem Ohr des halb schlummernden Schäfers der Gesang der Nymfen, die mit verschlungnen Armen im sanften Mondschein tanzen.

4.

Panthea. Mandane. Araspes.

Panthea.

Sage nichts mehr, Mandane! der nächste Augenblick wird mein Schicksal entscheiden. Meine Seele erwartet ihn getrost, und doch pocht diefs ungehorsame Herz, mein Athem wird immer kürzer, und meine Lippen beben. — Hier kommt er — Was bringst du uns für Nachrichten, Araspes?

Araspes. Lafs dein holdseliges Antlitz in Freude ausstrahlen, meine Königin! Ich bringe die angenehmsten Nachrichten. Abradates ist frey, unbezwungen, und würdig dich zu besitzen, wofern es ein Sterblicher seyn kann. Die Tugend erscheint nie in herrlicherm Triumf, als wenn sie selbst Feinden ein unverdächtiges Lob abnöthiget.

Panthea. Ich fürchte mich beynahe deinen Worten zu glauben, so grofs ist die

Freude, zu der sie mich berechtigen. Ist er gewifs in Sicherheit? Von wem hast du die beglückende Botschaft?

Araspes. Von meinem Freunde, von einem würdigen Zeugen und Bewundrer der Tapferkeit des Königs von Susiane. Zweymahl hat Abradates unser verfolgendes Heer mit unbezwingbarem Muth aufgehalten; zweymahl hat seine heldenmäfsige Schönheit die gezückten Arme unsrer Kriegsleute entnervet. Durch eine Flucht, die so ruhmwürdig ist als ein Sieg, ist er ihrer überlegnen Anzahl entgangen, und rüstet sich jetzt in Susa zu neuen Unternehmungen.

Panthea. O womit kann ich dir das erneuerte Leben vergelten, du edelmüthiger Jüngling, das mir deine Botschaft wieder geschenkt hat? Wie kann eine arme Gefangene ihre Dankbarkeit zeigen, da sie selbst das ungewisse Leben, das sie athmet, der Gnade eines Gebieters danken mufs? Zwar deine freudigen Blicke sagen mir, dafs du an meinem Glück Antheil nimmst. Hierin ist schon Belohnung für den Grofsmüthigen. Aber wenn der Himmel, der mir jetzt Hoffnung und Vertrauen zulächelt, mich jemahls wieder zu meinem Gemahl bringt, und ein gewogneres Geschick über uns aufgehen heifst; so soll der

Nahme Araspes oft auf unsern Lippen seyn, und Abradates soll dem tugendvollen Jüngling den zweyten Platz in seinem Herzen geben, der in der Zeit meiner Erniedrigung mit so edelmüthigem Eifer mein Tröster, mein Beschützer und mein Freund gewesen ist.

Araspes. O göttliche Panthea! du beklemmst mein Herz durch eine so unverdiente Güte. Was habe ich noch für dich thun können, das mit einem einzigen deiner Blicke nicht zu viel belohnt wäre? Ständ' es in meiner Macht dich glücklich zu machen, o mit welcher glühenden Begierde würd' ich einer solchen Ehre entgegen fliegen, die selbst mit meinem Leben zu wohlfeil erkauft wäre! Aber meine eigenen Empfindungen erinnern mich an das, was jetzt Abradates leiden mufs. Welch ein Schmerz mufs es seyn, der jetzt an seinem Herzen naget! Die Freyheit selbst, von der das Leben allen seinen Werth empfängt, kann für ihn keinen Reitz haben, so lang' er dich in fremder Gewalt lassen mufs. Vielleicht besorgt er, dein Schicksal sey härter als es ist. O lafs mich die Qual seiner liebenden Seele verkürzen! Lafs mich zu ihm eilen, und ihm Nachricht geben dafs du lebst, und dafs dir als der Schwester, nicht als einer Sklavin des Cyrus begegnet wird.

Panthea. Diese menschenfreundliche Hitze gefällt mir. Aber sie macht dich vergessen, Araspes, dafs die Befehle deines königlichen Freundes dich hier zurück halten, wenn ich auch gestatten könnte, dafs du, aus allzu grofsmüthiger Liebe zu einem dir fremden Manne, dich selbst den Gefahren der Reise aussetztest.

Araspes. Mein Freund Arasambes wird dich indessen meine Gegenwart nicht vermissen lassen; und ich bin gewifs, Cyrus würde mein Vorhaben billigen, wenn seine Entfernung mir erlaubte ihn zu befragen. Lafs mich meinem Herzen folgen, schönste Panthea! lafs mich das deinige erleichtern, indem ich deinem Gemahl die Ruhe wieder gebe, die ihm mit dir geraubt ist. Mich dünkt ich sehe ihn, wie der zärtlichste Kummer seine freye Stirne bewölkt und das heroische Feuer seiner Augen trübe macht. Ich sehe ihn traurig und ungeduldig in den verhafsten Zimmern seines Palasts umher irren, die mit Dir alle ihre Zierde verloren haben. Wo er hinblickt, dünkt ihn den Schatten seiner Panthea dahin schlüpfen zu sehen. Die liebeskranke Einbildung erhöht sein wirkliches Leiden durch erträumte Übel. Vielleicht glaubt er, du seyest im Tumulte der Eroberung von einer unmenschlichen Hand umgekommen; oder du schmachtest in der

Gewalt eines Barbaren, der, fühllos für die höhere Schönheit der Tugend, nur für das reitzende Weib brennen kann. Selbst auf seinem einsamen Lager, wenn ein mitleidiger Schlummer seine Schmerzen einzuwiegen scheint, begegnet ihm in Träumen dein Bild, und zwingt Thränen aus seinen geschloſsnen Augen; bald scheint dein Schatten, bleich und mit Blut befleckt, vor ihm vorüber zu gehen; oder er sieht dich in flehender Stellung, mit zerstreuten Haarlocken und glühendem Antlitz, in Thränen gebadet, zu den Füſsen eines barbarischen Herren, der mit dem Dolch in der Hand von seiner allzu bezaubernden Gefangenen eine Liebe erzwingen will, die ihrem Abradates heilig ist. — O Panthea! ich fühle, wie ihn diese Besorgnisse martern, die der Traum zu Wirklichkeit erhebt, und deren bloſse Möglichkeit die wachende Seele ängstigt. Kannst du mich zurück halten, seinem Herzen den Frieden und die süſseste Hoffnung zu bringen? Die Freundschaft wird mir Flügel ansetzen; der Weg nach Susa wird unter meinen Füſsen verschwinden; ich werde —

Panthea. Selbst der unausgeführte Vorsatz verdient alle meine Erkenntlichkeit. Aber ich kann nicht einwilligen, daſs du dich ohne Befehl deines Prinzen von hier entfernest.

Die rührenden Bilder, womit du meine Thränen hervor gelockt hast, schweben nur allzu oft vor meiner Stirne. Bisher wartete ich nur auf eine sichere Nachricht von dem Aufenthalte meines Gemahls. Jetzt, da mich deine Sorgfalt hierüber beruhiget hat, fehlt es mir nicht an einem Mittel, den Endzweck deines freundschaftlichen Anerbietens zu erhalten, ohne daſs du selbst mich verlassen müssest. Ich will ungesäumt an meinen Gemahl schreiben, und, wenn du es erlaubst, soll einer meiner getreusten Sklaven der Bote seyn. Das gleiche Blatt soll ihn mit der Nachricht von meiner Gesundheit, und mit dem Lobe des edelsten Freundes erfreuen, den jemahls eine unglückliche Gefangene gefunden hat, ihres Kummers zu vergessen, und mitten in ihrem Unglück die Leitung einer mitleidigen Gottheit zu erkennen.

Araspes. O Schönste und Beste unter den Weibern! du legst meinen unbeträchtlichen Diensten einen allzu groſsen Werth bey! Niemahls, ach niemahls! werd' ich mein Herz befriedigen können, das von allen Empfindungen überwallt, die deine Vortrefflichkeit in jeder tugendhaften Brust erschaffen muſs! Nur das sympathetische Gefühl der Sorgen, die jetzt deinen Abradates bestürmen müssen, konnte mir einen Vorsatz eingeben, der mich von dir entfernt hätte. Ich gehe jetzt, um dich keinen Augenblick an der süſsen Arbeit zu stören. So bald die morgende Sonne dich geweckt hat, will ich bereit seyn deine ferneren Befehle zu empfangen.

5.

Araspes allein.

Was für eine Macht ist in den Blicken dieser Zaubrerin! Mit welcher Güte, mit welchem unwiderstehlichen Lächeln sah sie mich an! Nie sah ich so viel Zärtlichkeit in ihren Blikken. O, wie schlug mir das Herz vor trunkner Freude! Kaum konnte ich meine von selbst sich ausbreitenden Arme zurück halten, sie in feurig aufwallender Inbrunst an mein Herz zu drücken, und meine von Entzückung aufgesprengten Lippen jedes Gefühl der dankbaren Seele ertönen zu lassen. Schon oft glaubte ich in ihrem Betragen Gleichgültigkeit, in ihren Blicken zu viel Kälte zu fühlen. Wie krümmte sich meine Seele unter dem Gedanken, daſs ich nicht Werth genug besitze ihre Zärtlichkeit zu verdienen! Laſs unsere Liebe noch so rein und edel seyn, es ist doch Marter ungeliebt zu lieben.. Nun ist diese Furcht verschwunden; lauter schmeichelnde

Hoffnungen, in den goldnen Schimmer ihrer Blicke gekleidet, umflattern meine bezauberte Fantasie. Gewifs war Liebe in ihren Blicken, erhabne, unschuldsvolle Liebe, wie herab lächelnde Engel für Sterbliche empfinden. — O meiner grofsmüthigen Thorheit! mich selbst aus ihrer Gegenwart verbannen zu wollen, um fremde Schmerzen zu stillen, die sich bald in vollerm Mafs über mich selbst ergiefsen werden. Eitle, sinnlose, schimärische Grofsmuth! Warum soll ich diesen Abradates mehr als mich selbst lieben? Ist es ein so kleines Glück um Panthea zu seyn, dafs ich so fertig war sie zu verlassen, mir selbst ganze Tage ihres süfsen Umgangs zu stehlen? Und wofür. — Um die Zeit zu beschleunigen, welche sie ganz aus meinen Augen nehmen wird! Vergebens würde dann meine reuvolle Seele um einen einzigen der Augenblicke, die ich so verscherzt hätte, Welten dahin geben. — O wie hasse ich meine Unbesonnenheit! — Nur zu bald, ach! nur zu bald wird seine Glückseligkeit mich der Wonne berauben, die ich jetzt so wenig entbehren kann, als ich ohne zu athmen leben könnte! Was wird dann mein Schicksal seyn, wenn Er, der Glücklichste aller Menschen, in ihrer Umarmung jedes Leidens vergifst! wenn sein schmelzendes Herz vor sprachloser Entzückung an ihrem Herzen zerfliefst! wenn paradiesische Tage einen Kreis um ihn her schliefsen, durch den kein Schmerz, keine Sorge, kein Wunsch dringen kann! — Ach! dann wird eine traurige Erinnerung und kummervolles Staunen alles seyn, was mir übrig gelassen ist! — Zurück, meine Seele, von dieser schrecklichen Aussicht! Täusche dich selbst, so lang' es möglich ist; vergälle nicht dein gegenwärtiges Glück mit quälenden Vorempfindungen. — Aber wie kann ich mir verbergen, dafs dieses Glück nur ein süfser Traum ist? Vielleicht noch wenige Tage, so ist für mich keine Panthea mehr! Der blofse Gedanke hüllt mich in Finsternifs, löscht die ganze Schöpfung vor mir aus. — Was ist für mich das Leben, wenn sich der Sonnenschein deiner Blicke zurück zieht? Welche Wildnifs, welche menschenfeindliche Einöde wird dann für meinen verfinsterten Geist wild und einöde genug seyn? Ja! in Wildnisse will ich fliehen, die nie ein menschlicher Fufs betreten hat, wo die Natur nie lächelte, wo alles todt um mich her ist, verlassen und einsam; es sey denn, dafs in den schrecklichen Stunden der Mitternacht das blasse Gespenst eines Unglücklichen, den vor mir die Liebe hier verzehrt hat, bey mir vorüber rausche. Dort, wo von einem überhangenden Felsen die traurige Cypresse ihren Todesschatten auf mich herab wirft, dort will ich liegen, von den unbeweglichen Bildern meiner ehmahligen Wonne umgeben, wie ein

Todter von starren Marmorbildern, die um sein Grabmahl versteinerte Thränen weinen. So will ich in stummer schwermüthiger Entzükkung der süfsen Erinnerung jener Tage nachhangen, die mir wie schnelle Augenblicke in ihrem Umgang entschlüpften. Kein Gesichtszug, keine redende Geberde, kein Blick, der aus ihrer Seele hervor brach, soll dem getreuen Bildnifs fehlen, welches immer vor mir schweben wird. O die Zukunft kann mir nichts geben, wenn ich Deiner beraubt bin! Wo Du nicht bist, ist alles Einöde für mich; jeder Anblick entweihet diese Augen, die gewohnt waren Dich anzuschauen. Deiner beraubt — Hinweg mit dem schwarzen Gedanken! zehnfacher Tod ist in ihm! Der Frühling meiner Liebe ist noch zu zart seinen Anhauch zu ertragen. — Komm, komm du holder Genius der Liebe, sinke herab auf umduftenden Wolken, und wehe mir Trost und erquickende Hoffnung zu! Bring sanftere Gedanken, frohe Erwartungen und gefällige Träume mit dir, die fiebrische Hitze der kranken Seele abzukühlen, und die wilde Ungeduld in Ruhe einzuwiegen. Nur die Liebe kann die Wunden heilen, die sie geschlagen hat. O Panthea, ein einziger deiner milden Blicke kann es! Von dir geliebt kann ich nicht unglücklich seyn, obgleich von dir getrennt. — Wie verschmähe ich jetzt den romantischen Unsinn, den meine aufwallende Hitze ausschäumte! — Wohin war ich verirrt! Ich erröthe vor mir selbst, daſs mein edleres Herz nur einen Augenblick zu einer so zaghaften Feigheit herab sinken konnte. — Soll ich mich darüber in Verzweiflung verlieren, wenn das würdigste Paar, das die Liebe jemahls vereinigt hat, wieder glücklich ist? wenn Panthea glücklich ist, für die ich jeder Gestalt des Todes entgegen eilen würde? Ist die Freundschaft, die sie mir gewidmet hat, von so geringem Werth, daſs sie mir noch einen gerechten Wunsch übrig lassen kann? Oder bist du fähig, meine Seele, den Glücklichen zu beneiden, dem allein erlaubt ist, in ihren keuschen Armen das ganze Glück einer geheiligten Liebe zu empfinden? Wer ist dessen würdig, wenn es nicht Abradates ist? — Nein, Panthea, so tief soll deine Schönheit mich nicht erniedrigen! Ich bewundere deine Gestalt, und liebe deine Seele. Dieſs würde ein Engel thun, der dich erblickte! O du bist so vortrefflich, daſs Cyrus selbst mir vielleicht vergeben würde, wenn der Gedanke von dir entfernt zu werden, mit allen seinen Schrecknissen umringt, etliche Augenblicke meinen Muth zu Boden schlüge. Aber jetzt soll sich meine Tugend zu einer groſsen That rüsten; zu einer gröſsern That, als wenn eine gefesselte Welt an den Rädern meines Siegeswagens rollte! — Deine Liebe, göttliche

Panthea, soll mein eigenes Selbst verzehren; ich will mich im Anblick deiner Glückseligkeit für glücklich halten! Ich will so eifrig, als ob es für mich selbst wäre, für deinen Abradates arbeiten! Diese Hand soll ihm ein Kleinod wieder geben, das allen Preis übersteigt, wenn gleich jedes Sandkorn am Meer eine goldene Welt würde es zu erkaufen. Wenn sie dann beym entzückten Wiedersehen das Herz des geliebten Mannes an ihre hüpfende Brust drückt; dann soll mein Geist in stillem Triumf über ihnen schweben, und von sympathetischer Freude ergriffen seiner eigenen Wünsche vergessen!

DRITTE ABTHEILUNG.

1.

Panthea. Mandane.

Panthea.

Sage mir offenherzig, Mandane, was meinst du mit dieser geheimnifsreichen Art, womit du von der Krankheit unsers Freundes Araspes redest? Was wollen diese bedeutenden Blicke? Was sagt die erröthende Wange?

Mandane. Theure Königin, wenn mich nicht Zeichen und Anscheinungen täuschen, so ist Araspes weder des geheiligten Nahmens, den du ihm giebst, noch dieser zärtlichen mitleidigen Sorgfalt würdig, die du an seine vielleicht nur geheuchelte Krankheit verschwendest.

Panthea. Und was könnte ihn denn bewegen sich krank zu stellen?

Mandane. Meine theure Gebieterin, ich wundere mich nicht, dafs Argwohn einem Herzen wie das deinige fremd ist — Aber — ich habe Ursache zu glauben, Araspes sey der grofsmüthige Freund nicht, der er zu seyn vorgiebt. Vielleicht ist es nur eine schöne Larve, in die er sich verhüllt, um sich unvermerkt in dein Herz einzustehlen.

Panthea. Halt ein, Mandane! Welch ein schwarzer Verdacht befleckt deine reine Seele! — Was kannst du an Araspes entdeckt haben, das die angeborne Tugend verläugne, die sein ganzes Betragen regiert? Er müfste ein Ungeheuer seyn, und die Natur müfste mit ihm eins geworden seyn uns zu betrügen, wenn unter seiner edeln kunstlosen Miene Verstellung, und unter seinen honigfliefsenden Worten irgend ein schlimmes Vorhaben lauern könnte.

Mandane. Es ist wahr, Araspes ist schön, nur zu schön, um die Augen eines gewöhnlichen Weibes zu blenden. Selbst die meinigen, obgleich das Alter mir jede Schönheit in matterm Lichte zeigt, verweilen mit Vergnügen auf ihm; mit unschädlichem Vergnügen; denn mein Herz hat lange die hüpfenden Schläge verlernt, womit ein jugendlicher Busen den Eindruck verräth, den die aufblühende Schönheit des Jünglings, von Stärke und feurigem Muth erhöht, auf ein unbesonnenes Mädchen macht. Aber Schönheit und Güte sind bey diesem arglistigen Geschlechte selten verschwistert.

Panthea. Meine liebe Mandane, wozu sollen mich alle diese Vorreden vorbereiten?

Mandane. Zu etwas, das deine Wangen mit zürnender Röthe bedecken wird. Ich habe Ursachen zu vermuthen, dafs deine schuldlose Schönheit eine strafbare Flamme in dem Herzen dieses Jünglings angezündet habe.

Panthea. Und wie hast du diese Entdekkung gemacht, Mandane?

Mandane. Schon seit etlichen Tagen bemerkte ich eine übel zurück gehaltene Unruhe in seinen düsternen Blicken, die irgend ein böses Bewufstseyn zu verrathen schienen. Umsonst zwang er seine Miene in unwilliges Lächeln. Oft, wenn du es nicht gewahr wurdest, hing er mit so scharfen lüsternen Blikken an dir, als ob er etwas von dir abätzen wollte; und dann flüsterte ein halb unterdrückter Seufzer die geheimen Wünsche seiner Seele.

Panthea. Ich bemerkte wohl eine ungewohnte Dunkelheit in seinen Mienen. Aber wo lebt der Weise oder der Glückliche, der in allen Abwechslungen und Zufällen dieses Lebens immer ein unbewölktes Antlitz zeigen könnte? Sollte die Tugend keine Sorge haben? Sie hat die meisten! Denn sie macht uns empfindlicher für andere als für uns selbst; sie vermindert zwar unsre eigenen Übel, aber dafür belastet sie uns mit fremden Leiden und der allgemeinen Noth des menschlichen Geschlechtes. Vielleicht sind es Leiden von einer edeln Art, die das Angesicht unsers Freundes verdunkeln.

Mandane. Wie ich sagte, meine Tochter, die Güte deines Herzens macht dich ungeneigt, von andern böses zu vermuthen. Aber glaube mir, es ist nicht allemahl Mangel an Güte, wenn wir dem Menschen, dem fehlerhaftesten und unbeständigsten aller Geschöpfe, böses zutrauen. Ein langer Umgang mit der Welt zwingt die redlichsten Gemüther zum Mifstrauen, wie fremd es auch ihrer Natur ist, und begabt uns mit einer Art von geheimer Auslegungskunst, welche die Herzen der

Menschen vor uns entziffert, und aus gewissen Anscheinungen ihre verborgnen Bewegungen, ihre aufsteigenden Leidenschaften und den zukünftigen Sturm mit besserm Grunde vorher sagen lehrt, als die Magier aus der Ordnung der Gestirne, die auf unsere Geburtsstunde herab geleuchtet haben, die mannigfaltigen Scenen unsers Lebens weissagen. Aber was ich dir von Araspes sagte, ist mehr als Muthmaſsung. Gestern in der mitternächtlichen Stunde hört' ich ihn, da er sich allein glaubte, laute Gespräche mit sich selbst führen. Seine Seele schien in einem heftigen innerlichen Aufruhr, ungewiſs auf welche Seite sie sich schlagen sollte. Ich war nicht nahe genug, alle Worte zu verstehen, die in ungestümer Verwirrung von seinen Lippen stürzten: ich hörte nur, daſs er die Nahmen Panthea und Abradates zu wiederhohlten Mahlen ausrief, und über die Unmöglichkeit klagte, seine strafbare Leidenschaft, die er Liebe nannte, zu vergnügen. Hätte ich nicht von ungefähr diese Entdeckung gemacht, so würde ich wie du, meine Königin, der geheimen Schwermuth, die schon etliche Tage um seine Stirne hängt, eine edlere, obgleich uns unbekannte Ursache geliehen haben. Allein er hat sich selbst verrathen, und ich hätte die Liebe zu meiner Panthea und meine Pflicht verrathen müssen, wenn ich dir etwas verhehlt hätte, das dich so nahe angeht, und die vorsichtige Klugheit deines eigenen Betragens verdoppeln wird.

Panthea. Ich danke deiner allezeit sorgfältigen Treue, meine mütterliche Freundin. Aber ich kann den Gedanken nicht unterdrükken, daſs dich vielleicht ein Traum oder irgend ein übel gesinnter Dämon mit einem eiteln Geflüster verworrner Stimmen getäuscht habe, die der Stimme des Araspes nachäffeten; wo nicht, so kann doch seine edel gesinnte Seele keiner niederträchtigen Bosheit schuldig seyn. Die Liebe zur Tugend schützt nicht allemahl vor der Gewalt der Leidenschaften. Auch heroische Seelen haben eine verletzliche Seite. Die Schwachheit eines Menschen, den ich meiner Freundschaft würdig gefunden, soll keine Änderung in meinem Herzen machen, als meine übrigen gerechten Empfindungen mit zärtlichem Mitleiden zu vermehren.

Mandane. Ich überlasse dich ohne Sorge deiner Klugheit. Aber vergieb mir, meine theuerste Panthea, wenn ich einige Verwunderung über die Gleichgültigkeit bezeige, womit du die Nachricht von der schändlichen Leidenschaft eines unbesonnenen Jünglings aufnimmst, der in bessern Zeiten sich nicht hätte unterstehen dürfen, die Augen zu der Gemahlin des Abradates aufzuheben.

Panthea. Du wirst dich nicht betrogen finden, Mandane, wenn du mich hierin ohne Sorge meinem Herzen überlässest. Kennte ich nicht die Güte des deinigen, so würde mich die Verwunderung, von der du redest, befremden. Hast du jemahls diese rauschende Tugend an mir gekannt, die mit ihren eigenen Thaten, oder vielleicht nur mit dem, was sie sich einbildet thun zu können, wie mit einem Raube pranget, und jede Schwachheit anderer Menschen im Triumf aufführt? Wenn sich, wie du sagst, eine solche Leidenschaft der Seele dieses edeln Jünglings bemächtiget hat, so ist er gestraft genug! Es würde zu viel seyn, wenn die Freundschaft ihm auch noch ihren heilenden Balsam entziehen wollte. Er hat um Erlaubniſs bitten lassen mich zu sehen. Gehe, Mandane, sie ihm zu bringen. Er selbst soll mir die Ursache seiner Schwermuth entdecken, und die Freundschaft soll ihre besten Versuche thun, sie zu heilen.

2.

Mandane allein.

O Panthea, bisher ist der reine Spiegel des saffirnen Himmels nicht unbefleckter gewesen als deine Tugend! Die niedrigste Bosheit durfte sich nicht erfrechen, deinen Ruhm nur mit dem Schatten eines Argwohns zu beflecken! — Ich sehe noch jetzt, so lebhaft als ob jede Scene vor mir stände, wie du dich von der zarten Knospe bis zu dieser vollen Blüthe entfaltet hast. Ich sehe dich noch, in lächelnder Rosenfarbe glühend, meine mütterliche Brust umscherzen! Schon damahls weissagte, wer dich sah, deinem Geschlechte das vollkommenste Weib. Wie frühzeitig kam jede deiner Seele angeborne Schönheit unserm pflegenden Fleiſse zuvor! Deine Neigungen bildeten sich ohne Mühe in freywillige Tugenden aus. Jede Gottheit schien sich gefallen zu haben, dich mit ihrer eigenen Gabe auszuschmücken. Untadelig war deine Unschuld, gefällig deine Tugend, und deine Zärtlichkeit keusch. Und sollte es möglich seyn, dafs eine solche Vortrefflichkeit — dafs eine Panthea — Ich zittre, den grausamen Gedanken fortzusetzen. Nein, es ist unmöglich! Mein allzu zärtlicher Eifer für ihren Ruhm wird ungerecht. Sie, die beste der Frauen, das Weib eines Abradates, kann nicht so schwach seyn. — Aber wer rauscht dort gegen mich her? Mich dünkt, es ist der Freund des unbesonnenen Jünglings — Ich will ihn anreden!

3.

Arasambes. Mandane.

Mandane.

Irre ich mich, Arasambes, oder willst du deinen Freund besuchen?

Arasambes. Eben zu ihm wollte ich, ehrwürdige Mandane!

Mandane. Du wirst berichtet seyn daſs er sich übel befinde?

Arasambes. So sagte mir einer seiner Sklaven, und mich däucht, ich wollte fast errathen, daſs er sich besser befände, wenn deine Gebieterin weniger reitzend —

Mandane. Oder weniger tugendhaft wäre. — Höre, Arasambes! Eine gleich zärtliche Freundschaft verbindet mich mit Panthea, dich mit Araspes. Dieses Verhältniſs berechtigt mich deinen Beystand zu erbitten; denn wenn jemand vermögend ist, ihn auf den rechten Weg zurück zu lenken, so ist es Arasambes, von dessen Weisheit er die höchste Meinung hat, die ein Sterblicher verdienen kann. Gefällt es dir, so wollen wir unter jenem Gang von Palmen unsere Gedanken über diese Sache gegen einander auswechseln.

Arasambes. Wie es dir beliebt, Mandane! Es verlangt mich selbst, dir meine Gedanken über einen Zufall zu eröffnen, der mich für Panthea und Araspes gleich bekümmert macht. Ich verehre in Panthea die Tugend, die ich in Araspes bedaure. Die Gefahr war allzu groſs, allzu reitzend, und ganz allein auf seiner Seite. Wie leicht ist der Übergang von freundschaftlicher Liebe zur Leidenschaft, wenn der Gegenstand eine Panthea ist! Gewiſs! er verdient unser Mitleiden und allen Beystand, den die Freundschaft seiner kranken Seele gewähren kann.

4.

Araspes allein.

O Cyrus, Cyrus! du kanntest mich besser als ich selbst. Meine thörichte Vermessenheit verachtete deine Warnungen — Ach! nun bist du strenger gerochen, als mein bitterster Feind wünschen könnte. Umsonst streite ich wider eine Leidenschaft, an der die Vernunft selbst nur das Übermafs tadeln darf. Aber wer kann eine Panthea lieben ohne ihren Besitz zu wünschen? — Und ohne einen Strahl von Hoffnung zu lieben! — Ach! meine ganze Natur erschüttert unter dieser entsetzlichen Vorstellung. Alle Ruhe ist aus meinem Herzen gewichen; alle blühende Hoffnungen meines Lebens sind dahin! Was ist aus dir geworden, meine Seele? Ein Spiel fieberischer Träume; ein Ball, von streitenden Leidenschaften hin und her geschlagen; ein Nachen, den der brausende Orkan und die schäumende Wuth der Wogen bald an die Wolken schleudert, bald in schwindlige Tiefen hinab stürzt! Wie bin ich unter mich selbst hinab gesunken! Wo ist mein Stolz? Wo ist der vermessene Geist, der seiner Stärke so gewifs war? Armer Faethon! Die wilden flammenhauchenden Rosse schleppen dich unaufhaltbar fort durch Wildnisse von regellosen Träumen, von Begierde zu Begierde, von Unsinn zu Unsinn! — Allzu reitzende Panthea! Ist es dazu gekommen, dafs ich wünschen mufs, dich nie gesehen zu haben? — Verflucht sey dieser Wunsch! Lafs mich dich nur noch Einmahl sehen, und zu deinen Füfsen meine Seele aushauchen! — O meine sterbende Tugend, raffe alle deine zerstreuten Kräfte zusammen, diefs allzu schwache Herz vor der Tyranney seiner Begierden zu schützen. Jetzt ist es noch Zeit den gröfsten der Siege zu erstreiten. — Elender! wen rufest du zu Hülfe? Wo ist deine Tugend? Wo ist die Weisheit, die ehmahls mitten in meiner Seele ihren strahlenden Thron aufgerichtet hatte? Ach! sie ist herab gestürzt; alles ist Aufruhr; die fieberische Wuth meiner Lebensgeister ist nur ein schwaches Bild des gesetzlosen Sturms, der in meinem Innern tobt.

O wer bringt mich in den kühlen Hain, wo aromatische Myrten über den murmelnden Brunnquell sich wölben, und freundliche Zefyrn, über die Violenbank daher schwebend, meiner lechzenden Brust Erquickung zufächeln! —

Ja, ich will diesen verhafsten Kerker fliehen; in deinen Schoofs will ich fliehen, stille Natur! Ich will deinen Athem, die frische blumige Luft einziehen, und in deinen mitleidigen Schatten ungetadelt meine Thränen mit der weinenden Quelle vermischen. Dort klagt die zärtliche Nachtigall ihren Gatten, dort seufzen sympathetische Weste mit mir! Vielleicht dafs dann die himmlische Tugend die Gestalt der Beherrscherin meines Herzens annimmt, mich mit schützenden Armen zu umfassen, und süfse Ruhe in mein leidendes Herz zu giefsen. — Eile, mein Fufs! — O gesegnet sey mir dieser heitre umwölbende Himmel, und du, balsamisches Sonnenlicht! Schon fühle ich deine heilende Kraft durch meine besänftigten Adern rinnen. —

Aber sehe ich nicht hier meinen Arasambes? Ja er ist es! — O mein Freund! eine geneigte Gottheit hat in dieser Stunde deine Tritte hierher geleitet!

— ----

5.

ARASAMBES. ARASPES.

Arasambes.

Wem sollt' ich die ersten Augenblicke, die wieder mein eigen sind, widmen, als meinem Freunde? — Aber, mein liebster Araspes, wie sehr haben diese wenigen Tage dich verändert! Woher diese Blässe, mit plötzlich auflodernder Röthe abgewechselt? diese verdunkelten Augen, dieser seufzende Ton der Stimme? — Ganz anders glänzte dein Gesicht, als wir neulich mit Panthea die Gegenden dieses Schlosses besahen, in welches die Sorgfalt des Cyrus sie zu bringen befahl. Der blumige May ist nicht fröhlicher, als ich dich damahls sah. Ist Liebe die Quelle dieser schleunigen Veränderung, so grenzt ihre Lust allzu nahe an den Schmerz.

Araspes. O mein Arasambes! — Kannst du mit meiner Schwachheit Mitleiden haben? —

Verachtest du mich nicht? Deine Verachtung würde mein Elend vollkommen machen. Ich erröthe vor deinen Blicken; aber glaube mir, ich erröthete schon zuvor vor mir selbst. Ach! ich bin überwältiget! So viel Schönheit, so viel Güte, so viel herzbezwingende Holdseligkeit, waren mehr als mein allzu zärtliches Herz ertragen konnte. Vielleicht verdient meine Schwachheit Verachtung. Ich hielt mich einst unfähig, in den Fesseln eines Weibes zu liegen, und wenn sie eine himmlische Göttin wäre; ich trotzte auf meine Stärke — Dieſs rechtfertigt deinen Spott. Aber, o schone deines leidenden Freundes, Arasambes! Ich bin ganz verloren, wenn diese unselige Liebe, die mir meine Freyheit, meine Ruhe, den Beyfall meines eigenen Herzens, und warum nicht auch dieses unwürdige schmachtende Leben? raubt, — wenn sie mir auch noch deine Freundschaft rauben würde!

Arasambes. Laſs diese Thränen von der Zärtlichkeit zeugen, mit der ich dein Leiden empfinde. — Ich sollte dich verachten können? Verbanne einen so niedrigen Gedanken! Nein, du edler Jüngling! ich liebe dich, mehr als jemahls liebe ich dich! — Fasse Muth, Araspes! Der Tugendhafte wird nicht eher über alle Leidenschaften erhaben, bis er auch über jene Wolken empor steigt, und seine angeborne Luft athmet. Groſse Seelen wallen auch in groſse Leidenschaften auf. — Aber nie soll es zur Schande der Tugend gesagt werden, daſs sie sich ganz überwinden, und gefesselt hinter dem Triumfwagen des Lasters nachschleppen lassen!

Araspes. Ich liebe die Tugend, Arasambes! Ich fühl' es in diesem Augenblicke daſs ich sie liebe! Aber ach! sie ist unvermögend mich zu schützen! Meine Seele ist nicht mehr mein. Sie ist ein Sammelplatz schrecklicher Fantomen und stürmischer Begierden, unter deren grimmigem Streit meine Ruhe zertrümmert ist. — Glaube nicht, daſs ich wehrlos meine Freyheit dahin gegeben habe. Aber es war zu spät als ich zu kämpfen anfing. Allzu lange hatte ich das süſse Gift eingesogen; da ich seine Wirkung fühlte, hatte es schon mein ganzes Wesen durchdrungen. Alles was ich noch thun konnte, war, mich selbst zu beklagen, und eitle Entschlieſsungen zu fassen, die ein einziger ihrer Blicke wieder vernichtete. Und doch weiſs sie nichts von meiner Leidenschaft; nie haben meine Lippen das nagende Geheimniſs meines Herzens verrathen; dieſs ist alle Gewalt, die mir über mich selbst übrig geblieben ist. Aber ach! meine Blicke, meine Unruhe, meine übel verhaltnen Seufzer hätten mich längst verrathen, wenn ihre eigne Unschuld nur die schwächste

Vermuthung meiner Thorheit gestattete. — Die Fröhlichkeit, die du jüngst an mir sahest, war die wurmstichige Frucht einer eiteln Hoffnung, der eingebildeten Aussicht in glückliche Tage, die ich in dieser schönen Einsamkeit mit Panthea zu leben meinte. Wie bald welkte diese hinfällige Freude weg! Je öfter ich sie sah; je vertraulicher der Zutritt war, den sie mir erlaubte; je mehr die Güte ihres allezeit offnen Herzens, dessen sich selbst bewuſste Unschuld alle Zurückhaltung verachtet, meiner Liebe mit der voreiligen Hoffnung wieder geliebt zu werden zu schmeicheln schien: — desto schneller wuchsen diese Begierden, die Anfangs so verschämt, so leise ihre allzu kühnen Wünsche lispelten. Ich verbarg es mir nun selbst nicht mehr, (wie konnt' ich?) daſs meine Liebe sich mit nichts wenigerm als dem völligen Genuſs befriedigen könnte. Ich erschrak vor der Entdeckung; und doch zerfloſs meine ganze Seele in Sehnsucht, und billigte in geheim die Begierden, die vor der Tugend sich verbergen muſsten. Ach! welch ein gewaltiger Kampf von Leidenschaft und Pflicht, Vernunft und Liebe, hat seitdem meine Brust zerrüttet! Was ist das Getümmel fallender Welten und das Brüllen des Chaos gegen den einheimischen Krieg einer Seele, die mit ihrer ganzen furchtbaren Macht auf sich selbst losstürmt! Eine brennende Seele — O Arasambes, wären ihre

Kräfte nicht durch den Leib eingeschränkt, sie würde, wüthender als ein zügelloser Komet, alle Elemente in ihren Streit verwickeln, und diesen göttlichen Bau harmonischer Sfären rings um sich her zu Staub zertrümmern!

Arasambes. Ich bedaure meinen Freund, ich beweine seine Schmerzen, und noch mehr seine Tugend, die am schwindligen Rande des tiefsten Falles schwankt. Aber ich wäre nicht dein Freund, wenn ich mich begnügte meine Klagen mit den deinigen zu vermischen. O laſs mich dich bitten, laſs mich dich beschwören, daſs du dich nicht selbst verloren gebest, so lange der ruhmwürdige Sieg noch in deiner Gewalt ist. Liebst du wirklich die Tugend, wie ich weiſs daſs du sie liebst, so ist der Sieg unser! Fasse nur einen standhaften Entschluſs. Keine Macht, kein Gott, selbst nicht der Unnennbare, dessen allmächtiger Finger die unermeſsliche Schöpfung bewegt, ist vermögend den Willen eines denkenden Wesens zu zwingen. Aber wenn du selbst heimlich deine Niederlage wünschest, wenn du dein williges Ohr der Sirenenstimme entgegen reckest die dich zu einem wollüstigen Verderben einladet, so ist deine Tugend schon verrathen. Und was wäre Araspes, wenn er seine Tugend überlebt hätte?

Araspes. Ein Unglücklicher, dem nichts übrig gelassen ist, als zu sterben! Ach Arasambes! wie soll ich die Augen zu dir aufheben? Aber ich will dir nichts verhehlen. So unglücklich mich die Liebe macht, so ist es mir doch unmöglich nicht zu lieben. Ich fühle die ganze Schwere meiner Ketten, und doch wünsche ich nicht frey zu seyn. Ich weiſs selbst nicht was ich wünsche. Ich verdamme in jedem Augenblicke den Wunsch des vorigen. — Was redest du mir von standhaften Entschlüssen? Ach mein Freund, du hast vergessen, daſs ich nicht mehr Araspes bin. Was vermag der Steuermann, wenn der unbändige Sturm mit tausend Donnern daher rauscht, und das mastlose Schiff durch stürzende Wassergebirge wälzt? — Ich finde keine Bilder stark genug, dir die Gestalt meines inwendigen Zustandes begreiflich zu machen! Glückseliger, daſs du keine Erfahrung von dem, was ich leide, hast! Bald ist mein ganzes Wesen nur Liebe, von glühender Sehnsucht und reitzenden Hoffnungen aufgeschwellt; bald, wenn die kurze Bezauberung verschwindet, entbrenne ich in ohnmächtigem Zorn wider mein Schicksal, und sinke vom Kampf mit dem Himmel zu winselnder Verzweiflung herab: bald ist meine ganze Seele in Panthea entzückt; bald verwünsche ich Panthea, die Welt und mich selbst. Umsonst hoffe ich vom mitternächtlichen Lager eine kurze Rast; umsonst rufe ich dem erquikkenden Schlaf! oder wenn er mich zu erhören scheint, so ängstigt er mich durch fürchterliche Träume, oder spottet gar meines Elends mit reitzenden Bildern einer Glückseligkeit, die mir niemahls, ach niemahls! nur zu wünschen erlaubt ist. Ich wandle dann in elysischen Auen, wo alle Gegenstände Liebe und Fröhlichkeit hauchen; dann steigt Amor auf einer Wolke von Seufzern der Verliebten herab, unsterbliche Rosen duften um seine gelben Locken, die ganze Natur hüpft bey seinem Anblick in Entzückung auf; schmeichelnd nimmt er meine Hand, und führt mich durch Myrtengänge in die Laube von Schasmin, wo Panthea gleich einer müden Waldnymfe schlummert. Indem ich mit stummer Entzückung sie betrachte, erwacht sie, und streckt mit süſsem einladendem Lächeln ihre willigen Arme nach mir aus. — Plötzlich verwandelt sich der treulose Traum. Eine unsichtbare Gestalt reiſst sie von mir weg; keichend eil' ich ihr nach; fürchterliche Wildnisse, schroffe Felsen und jähe Abgründe eröffnen sich vor mir; eine siebenfache Nacht umzieht den Himmel, mit feurigen Wolken durchkreuzt; sie flieht umsonst und ringt zurück schauend ihre um Hülfe bittenden Arme gegen mich; ein Regen von Flammen stürzt auf sie herab, und verzehrt sie vor meinen verzweifelnden Augen zu Asche! — Oder mich dünkt, ich sehe den Abradates von Cyrus geführt herbey kommen; ich stehe von fern, und sehe der sprachlosen Umarmung der Liebenden zu; tausend Furien zerreifsen mein Herz bey diesem Anblick; meine Seele wälzt sich in wilden Gedanken, indem der ohnmächtige Zorn meinen Arm entnervt. — Dann dünkt mich, ich sehe den Wagen der Liebesgöttin auf rosenfarbnen Wolken herab steigen, das liebende Paar aufzunehmen; girrende Tauben ziehen ihn, und Schwanen, deren Gesang weit umher die ambrosische Luft bezaubert. Plötzlich schweben sie, von tausend Liebesgöttern umflattert, aus meinen Augen hinweg, indem ich einsam, gleich dem steinernen Bilde der Verzweiflung, am Boden angefesselt stehe, und dem schwachen Reste von Empfindung fluche, der noch in meinen Adern glimmt. So raubt mir die innerliche Zerrüttung meiner Seele selbst das schwache vorüber gehende Labsal, welches die Natur den Unglücklichsten erlaubt, das süfse Vergessen unsers Elends, das wenigstens einen Theil unsers Lebens dem nagenden Kummer entreifst. — Ach! ich bin unglücklich, mein Freund! so unglücklich, dafs alles, was ich dir gesagt habe, nur einen kleinen Theil meiner Leiden umfafst. O diese fatale Leidenschaft hat mich betrogen! Rette mich, Arasambes, rette deinen Freund von der Liebe und von sich selbst!

Arasambes. Du allein kannst dich retten, Araspes! Ich sehe nur ein einziges Mittel, und das ist in deiner Gewalt. Eine Liebe, wie die deinige, kann nur durch Fliehen besiegt werden. Es ist vergeblich, mit einem Gegner zu kämpfen, dessen Wunden Vergnügen machen. Fliehe, fliehe, mein Freund! fliehe diese allzu reitzende Schöne. So bald du von ihren Augen entfernt bist, wird die ungenährte Flamme sich selbst verzehren, die jetzt deine Seele ausdörrt, und die Blüthe deines Lebens zu verzehren droht.

Araspes. Was verlangst du von mir, grausamer Freund? Ich soll von Panthea fliehen? soll mich selbst aus ihren Augen verbannen? gleich als ob der schwarze Tag nicht schnell genug daher rauschte, der sie mir auf ewig entreifsen wird! O nenne diefs entsetzliche Mittel nicht mehr, das viel ärger ist als das Übel, wovon du mich befreyen willst. Ihr blofser Anblick, ach! ihr blofses Angedenken, ihr Schatten ist genug meine Schmerzen zu versüfsen. Es ist Wonne, sie sogar hoffnungslos zu lieben. Lehre mich, wie meine Seele von sich selbst scheiden kann, so will ich deinem Rathe folgen. O sie ist die Seele meiner Seele; ihr Blick, ihr Lächeln ist meinem Herzen was die Frühlingssonne den Blumen, was die thauende Morgenröthe dem welken Grase, was die kühle Quelle dem lechzenden Wandrer. O Panthea, du bessere Hälfte meiner selbst, wie könnt' ich von dir scheiden? Dich fliehen? Warum sollt' ich dich fliehen? Du bist ja keine Schlange, die unter dem Glanze der goldgefleckten Haut tödtliches Gift verbirgt. Du bist ganz Unschuld und Güte. Ach! was sind die Schmerzen, die du unwissend mir machst, gegen den Verlust deiner Gegenwart? In dem bloſsen Gedanken dich zu verlieren ist etwas das an Vernichtung grenzt. Aber Wonne ist in dem süſsen Gedanken, daſs eben dieselben Mauern Panthea und mich einschlieſsen; daſs uns derselbe Himmel umflieſst; daſs sie vielleicht diese Luft geathmet hat, die ich in diesem Augenblick einziehe! Welche sanfte lindernde Kraft in der Hoffnung, daſs ihr Herz nicht für Abradates allein zärtlich ist! daſs ihr mildes Auge vielleicht auch für den unglücklichen Araspes eine stille Thräne weint! — Keine so ungütigen Blicke, Arasambes! Verachte meine Schwachheit nicht, wenn es Schwachheit seyn kann, diese unvergleichliche Schöne zu lieben. Überlaſs mich lieber meinen Schmerzen, wenn du sie nur durch den Tod heilen kannst.

Arasambes. Ist es mein Araspes den ich höre? — Nein, so tief kann die Seele meines Araspes nicht herab sinken! — Angenehme Täuschung! warum kann ich dich nicht unterhalten? Aber ach! wie kann ich mir verbergen, dafs es mein Freund, dafs es Araspes ist, den alle seine Stärke, alle seine Tugend, alle die männliche Entschlossenheit, die ihn ehmahls unter den Jünglingen erhob, so sehr verlassen hat, dafs er zu den Füfsen eines Weibes schmachtet, und die Pein, die sie ihm verursacht, noch für Glückseligkeit nimmt? Wo sind nun jene Aussichten in ehrenvolle Tage? Wo die Unternehmungen, die deine von jeder Tugend befruchtete Seele versprach, und die nur auf Gelegenheit warteten, um zu grofsen Thaten empor zu wachsen? Ist Cyrus vergessen? der Gespiele, der Freund deiner Jugend, mit dem du die ersten Lorbern gesammelt hast, die jetzt unter der Gluth einer thörichten Liebe welken? Ist das grofse Vorhaben vergessen, zu welchem ihn dein Geist und dein muthiger Arm begleiten wollte? Das glorreiche Vorhaben, eine barbarische Welt umzuschaffen, gesetzlose Horden zu Menschen zu adeln, oder üppige Völker, von der glühenden Sonne und von träger Wollust entnervt, mit neuen Gefühlen von Ehre zu begeistern, und in diesen morgenländischen Provinzen ein Reich aufzurichten, dessen majestätische Gröfse den Erdboden in Ehrfurcht halten, und dem Frieden mit den Künsten des Friedens eine bleibende Wohnung bey den Sterblichen verschaffen sollte? — Ich erröthe für dich. — Es ist mir unerträglich, dafs Araspes seine hoffnunglose Liebe den tauben Felsen vorgirren soll, indessen wir, von Cyrus geführt, das geheiligte Geschäft vollbringen, welches ihm ein Gott ins Herz gelegt hat. — O Schande! Was nennest du Liebe, Araspes? Hast du keine Liebe für deine Freunde? keine für den Helden, der dich selbst des königlichen Nahmens seines Freundes würdigte? keine Liebe für die Tugend und für deine Anverwandten die Menschen, und für alles, was die vom Himmel entsprungene Seele der Zurückberufung in die lichtvollen Gegenden, woraus sie verbannt ist, würdig macht? — Oder soll diese feige unmännliche Sklaverey, die alle deine Gedanken an die Schönheit eines Weibes, alle deine Begierden an ihren Genufs heftet, alle deine grofsen Bestrebungen in Seufzer auflöst — soll das dich zu den Thaten vorbereiten, von denen deine Seele schwellen sollte? —

Araspes. O schone, schone deines Freundes, Arasambes! Ich kann die furchtbare Wahrheit nicht ertragen, die von deinen Lippen donnert. Nein, ich will deine Verachtung nicht verdienen! Sie würde mich unglücklicher machen, als die bittersüfse Qual der Liebe thun kann. Verwünscht sey der unwürdige Gedanke, dafs ich, wie ein weinender schändlicher Sklave, von der Schönheit gefesselt den Staub lecken sollte, während Ihr die erstaunte Welt mit

Denkmählern euerer Tugend belastet! Nein, Arasambes, ich fühle meine ganze Seele wieder durch meine Nerven strömen. Ich will dahin, wohin mich die Ehre ruft, und mit noch stärkerer Stimme die Liebe! Du sollst sehen, jedes Auge soll sehen, daſs Panthea mich mit siebenfachem Muth begeistern kann, und die Welt soll mich eines bessern Schicksals würdig erklären! — Wie dank' ich dir, Arasambes, daſs du mir diese Aussichten gezeigt hast! — Aber hüte dich, Freund, meine Liebe zu schmähen, oder deine Lippen zum Spott über die erhabne Raserey, den enthusiastischen Taumel zu öffnen, worin meine Seele aufbrauset, wenn sie, ganz vom Gott der Liebe voll, nicht ihre eignen Gefühle hervor treibt! Hüte dich, eine Liebe zu schmähen, die, von der göttlichen Panthea entzündet, eben so wenig Grenzen hat als die Vollkommenheit ihres Gegenstandes.

Arasambes. Welch ein Gemisch von Schwulst und Thorheit! Ja, ich kenne eine Liebe, die keine Grenzen haben soll; aber eine weit andre als dieses lächerliche Ungethüm, die Tochter des Müſsiggangs und der Wollust! diese buntscheckige Thörin, die in gleichem Augenblick weint und lächelt, frohlocket und verzweifelt, zu Stein erstarrt und in leichten Schaum aufsprudelt. Weg mit ihr! Ehmahls brannte eine andere Liebe in deiner Brust, Araspes! die Ernährerin der Tugend, von der Weisheit selbst entzündet, ohne welche noch keine schöne That vollbracht worden ist, noch kein Held mit den Unsterblichen in die Wette geeifert hat. Erwache doch einmahl aus deinem Taumel, Freund! Erkenne dich selbst wieder! Tritt in deine eigene Gestalt zurück! — O! giebt es denn keine Zauberworte, (weil doch die Vernunft in diesem Aufruhr der Sinne nichts vermag) keinen geheimnißvollen Talisman, der meinen Freund sich selbst wieder geben kann? Oder hat die Musik, die Bezwingerin der Herzen, keine magischen Töne, die Gewalt der Liebe einzuschläfern und die entflohene Weisheit zurück zu locken?

Ein Sklave. (zu Araspes.) Herr, die Königin kommt mit Mandane aus dem Myrtenwäldchen — sie befahl mir, dir ihre Ankunft anzukündigen.

Araspes. Was hör' ich? Ein Besuch von Panthea? Sie selbst, sagst du, befahl dir sie anzukündigen? — Was für eine neue Gestalt nimmt mein Schicksal an!

Arasambes. Ich verlasse dich voll froher Hoffnung, am nächsten Morgen meinen Araspes wieder zu finden. Von den Lippen der schönen

Panthea werden die Zaubertöne fliefsen, die deine Seele wieder in Harmonie zu stimmen vermögen.

Araspes. (allein.) Sie selbst sucht mich? Sie selbst? — Warum pochst du so zaghaft, mein thörichtes Herz? Sonst pflegtest du ihr so fröhlich entgegen zu hüpfen! — Hat sie vielleicht die wahre Ursache meiner Krankheit entdeckt? — Aber würde sie denn selbst zu mir kommen, eine Leidenschaft durch ihren Anblick noch mehr zu erhitzen, welche sie nicht befriedigen will? — Oder soll ich — darf ich es hoffen, dafs sie mir günstiger sey, als ich bisher zu glauben wagte? Eitle Einbildung! Hinweg Schmeichlerin! — Sie nähert sich. — Diese Stunde wird das Schicksal meiner Liebe entscheiden. Ich will Muth fassen. Warum sollt' ich meine Leidenschaft der Einzigen verhehlen, die sie befriedigen, oder, wenns möglich ist, heilen kann? — Sie kommt, von Mandane begleitet — O mein feiges Herz!

6.

Panthea. Mandane. Araspes.

Panthea.

Wie befindet sich Araspes? Dein Anblick bekräftigt nur zu sehr, dafs sich meine Freundschaft nicht umsonst für dich beunruhigt hat.

Araspes. O schöne Panthea, wie sehr rührt mich diese gütige Herablassung! Deine Gegenwart hat schon ihre heilende Kraft an mir bewährt. Dein Mitleiden — Ach! wenn du wüfstest, was mein Herz gelitten hat, du könntest mir dein Mitleiden nicht versagen!

Mandane. (leise zu Panthea.) Sind meine Besorgnisse vergeblich gewesen?

Panthea. (ohne auf Mandane Acht zu geben.) Und warum sollte ich das? Mein Herz ist empfindlicher für fremde Leiden als für meine eignen. Selbst die Schmerzen eines Thieres, die Krümmungen eines sterbenden Wurmes, rühren mich; wie sollte ich bey dem Leiden eines Freundes ungerührt bleiben? Aber entdecke mir, Araspes, wenn in meiner Freundschaft ein Trost für dich seyn kann, entdecke mir die Ursache deiner Schmerzen.

Araspes. So feindselig, o Panthea, ist mein Schicksal, daſs die süſse Quelle der seligsten Freuden für mich nur unbeschreibliche Schmerzen quillt. — Die Liebe, Panthea — das fatale Wort ist von meinen Lippen entflohen — die Liebe macht mich elend.

Panthea. Die Liebe kann den Tugendhaften nicht elend machen. Sie hat ihre Schmerzen; aber es ist etwas Tröstendes darin, für diejenigen zu leiden, die wir lieben. Der Tod des Geliebten ist vielleicht das einzige, was uns elend machen könnte, wenn wir nicht in unsrer eigenen Sterblichkeit ein bewährtes Mittel hätten, unsrer Qual ein Ende zu machen.

Araspes. Es ist etwas, das noch entsetzlicher ist als der Tod des Geliebten. Was könnten die unerbittlichen Erynnien selbst, verdammte Sünder zu quälen, schrecklichers erfinden, als die Pein, ungeliebt und ohne Hoffnung zu lieben?

Panthea. Eine Liebe ohne Hoffnung, ohne Gegenliebe, setzt, wie mich dünkt, einen übel gewählten Gegenstand voraus.

Araspes. Ach Panthea! es ist unmöglich, diejenige, die ich anbete, nicht zu lieben, oder weniger inbrünstig zu lieben, als ich thue. Sie ist die Schönste unter allen, die jemahls unsterbliche Göttinnen eifersüchtig gemacht haben. Ihr erster Anblick würde eine schwache Seele überwältigen. Aber stille Bewunderung war alles, was ich für sie empfand, bis ein näherer Umgang die Schönheit ihres Geistes, tausend strahlende Vollkommenheiten, vor mir entfaltete. — Ganz in ihr Anschauen entzückt, vergafs ich Anfangs meiner selbst; ich liebte ohne Wunsch, ich hoffte nichts, ich war glücklich. Aber diese süfse Bezauberung konnte nicht lange dauern. Ich erwachte; ich sah dafs ich geträumt hatte; ich fühlte, dafs nur die Gegenliebe, nur der Besitz des Geliebten, glücklich machen kann. Auf einmahl entdeckte ich das Entsetzliche meines Zustandes. Ich habe nichts zu hoffen! — Selbst der Trost, von ihr bedauert zu werden, nach welchem ich schmachte, ist mir versagt. Sie weifs nichts von meiner Liebe. Noch nie durft' ich es wagen zu reden. Ach! die einzige Hoffnung, die mir übrig bleibt, ist, im Übermafs meiner Qual das Ende meines Daseyns zu finden.

Panthea. Ich bedaure dich, Araspes.

Araspes. Du bedauerst mich, göttliche Panthea? O so bin ich nicht so elend, als ich fürchtete!

Panthea. Die Freundschaft hat nur einen einzigen Rath für dich. Entferne dich von dem Gegenstande deiner Leidenschaft. Nur die Entfernung kann dir die Vernunft und die verlorne Ruhe wieder geben. Lebe wohl, Araspes.

Araspes. (Er hält sie zurück, und wirft sich zu ihren Füſsen.) Du willst dich entfernen? — O bleibe, bleibe, entziehe mir den Anblick nicht, der mein fliehendes Leben noch zurück hält! — Du zürnest, Panthea — Dein ernstliches Auge — Doch zürne nur! vernichte mit strafenden Blicken den Verwegnen, der dich anbetet! — Hier zu deinen Füſsen will ich sterben — glücklich genug, wenn dann eine zu spät mitleidige Thräne, die ich nicht mehr fühle, auf meine Leiche von deinen Wangen sinkt.

Panthea. Steh auf, Araspes, und höre mich! Vielleicht verbieten mir die strengen Gesetze der Sittsamkeit, nach einer solchen Erklärung meinen Besuch zu verlängern. Aber du hast ehmahls meine Freundschaft verdient, du hast dir meine Dankbarkeit verpflichtet, und der Zustand, worin du bist, verdient Mitleiden. Ich sehe dich als einen Kranken an; es wäre zu verhaſst, dich als einen Verbrecher anzusehen. Überzeuge mich, Araspes, daſs ich mich nicht betrogen habe, da ich dich groſs und edel glaubte. Stelle dich selbst wieder her, bezwing eine Leidenschaft, die dich der Ruhe und mich eines Freundes beraubt; die uns beide erröthen macht, dich sie zu fühlen, mich sie erregt zu haben. Die Gemahlin des Abradates darf kein Gegenstand deiner Begierden seyn. So sehr kann Araspes nicht sich selbst vergessen haben. Ich bin zwar eine Gefangene; aber nur gefüllose Barbaren können gereitzt werden, die leidende Unschuld um dessentwillen zu höhnen, was sie gesitteten Menschen ehrwürdig macht.

Araspes. Denke nicht, göttliche Panthea, daſs meine Liebe verwegen genug sey, die kleinste Hoffnung zu wagen. Wie lange hat die Ehrfurcht, die dein Stand, deine Tugend und dein Unglück mir einflöſste, meinen Mund verschlossen? Wenn haben selbst meine Blicke sich erkühnt, die Ausleger meines Herzens zu seyn? Wie oft habe ich sie, wenn sie in Thränen schwammen, von dir abgewandt? Wenn haben meine unbescheidenen Seufzer dein Ohr beleidigt? Ach! nnh die nächtliche Stille einöder Schatten hat sie gehört; nur mein vom Schlaf verlassenes Lager ist von meinen Thränen befeuchtet worden. Aber verbiete mir nicht, schönste Panthea, in schweigender Stille um dich zu seufzen! Warum haben die Götter, in ihr eigenes Werk verliebt, dich so schön gebildet, wenn sie nicht wollten, daſs dein Anschauen jedes Auge bezaubern, jede Seele in Liebe und Verlangen auflösen soll? Dulde meine Liebe! dieſs ist alles, was der unglückliche Araspes von dir zu flehen wagt. Verbanne mich nicht aus deinen Augen; laſs mir den einzigen Trost, den auch die strengste Tugend erlauben kann, dich zu sehen, und von dir bedauert, das Opfer einer hoffnungslosen Liebe, meine Seele zu deinen Füſsen auszuseufzen.

Panthea. Araspes, ich verstehe diese Sprache nicht. Wenn dein Zustand wirklich so ist, wie du ihn beschreibst, so bitte den Cyrus, dich von mir zu entfernen. Du wirst leicht einen Vorwand finden, der deinen Ruhm retten kann. Willst du mich aber nicht verlassen, so verbanne deine Leidenschaft. Alle meine Freundschaft könnte dich nicht gegen die Verachtung schützen, die ihre Fortdauer mir einflöſsen würde. — Bedenke dich, Araspes. Ist Pantheens Freundschaft so geringschätzig in deinen Augen, daſs du sie nicht werth achtest, ihr einen eiteln Traum der Einbildung, einen blinden Trieb aufzuopfern?

Araspes. Wie tief muſs ich in deinen Augen gefallen seyn, schönste Panthea! Du zweifelst? — O tausendmahl wollte ich, um Einen gütigen Blick von dir zu verdienen, mein Leben wagen! Aber wenn deine Freundschaft schon unschätzbar ist, was würde deine Liebe seyn!

Panthea. Höre mein letztes Wort, Araspes. Ich bedaure die Ausschweifungen deiner Leidenschaft. Ich weiſs, daſs deine Seele zur Tugend gemacht ist. Ich beklage ihre Erniedrigung; und ich würde mich strafbar halten, wenn ich eine Strenge gegen dich gebrauchen wollte, die dir den Muth benehmen könnte meine Achtung wieder zu verdienen. Es ist in deiner Gewalt! Der Sieg über eine Leidenschaft, die unser besseres Selbst entehrt, ist der schönste Sieg. Gieb mir meinen Freund und dem erhabnen Cyrus seinen Nacheiferer wieder. Nur tugendhafte Triebe sind deines Herzens würdig! Liebe mich als eine Schwester! Liebe meinen Abradates! Komm, in unserer Freundschaft der dritte zu seyn! In wenigen Tagen hoffe ich ihn zu sehen, und ihn als einen Freund des Cyrus zu sehen. Gönne mir die Freude, meinem Abradates mit seiner wieder gefundenen Panthea ihren Beschützer seiner Freundschaft würdig vorzustellen! Dann will ich euch, wenn ihr, von edlem Wetteifer glühend, den Persischen Helden zu unsterblichen Thaten begleitet, mit frohlockenden

Blicken nachsehen; durch wilde Feldlager und barbarische Provinzen will ich euch begleiten; und wenn ihr aus der Schlacht gegen die Unterdrücker der Menschen zurück kommt, will ich mit gleich freundschaftlicher Hand den edeln Schweiſs von euerer Stirne wischen, und euere Schläfe mit friedsamen Rosen umkränzen.

Araspes. O du — mit welchem Nahmen soll ich dich nennen? — Die Weisheit hat deine Gestalt entlehnt, meiner kämpfenden Seele den Sieg über sich selbst zu geben! Mit welcher Entzückung fühle ich deine Gewalt über mich! — O Panthea, gesegnet sey der mitleidige Genius, der deinen Gang hierher leitete! Du allein konntest mir die Ruhe geben, die in diesem Augenblick mein lechzendes Herz erfrischet. Ich fühle mich selbst wieder. Ich will sie verdienen, die Freundschaft, die du mir mit einer so göttlich gütigen Groſsmuth anbietest. Welch eine Würde giebt sie mir! Welch eine Einladung zu schönen Thaten! Bald wird sich der weite Schauplatz vor uns aufthun, wo ich allen diesen Überfluſs von Liebe, der in meiner Brust zu enge verschlossen ist, in edle Bestrebungen ausströmen lassen kann. Aber, wohin uns auch der geflügelte Ungestüm der Ruhmbegierde führen mag, nie wird dein Bild aus meinen

Augen kommen! Deine Liebe soll die begeisternde Seele, und dein Beyfall die glorreiche Belohnung meiner Tugend seyn!

Panthea. Ich erkenne wieder die Stimme meines Freundes. Aber hüte dich vor diesen brausenden Aufwallungen, die deinem Herzen so natürlich sind! Es bedarf der Ruhe. Lebe wohl, Araspes! Die kommende Nacht träufle ihren sanftesten Balsam auf dich herab, damit der Morgen deine geheilte Seele zu einem neuen Leben erwecke!

Araspes. Wie schnell eilest du weg, schöne Panthea! — Ach! schon ist sie wie eine Göttin meinen Augen entschwunden! Aber noch glänzt dieser Ort von ihren Blicken; noch schwebt die zerflofsne Musik ihrer Worte um die glatten Marmorwände. — Unwiderstehliche Schöne! wie schnell zauberst du mich aus einer Gestalt in die andre! — Aber Ruhe hast du mir nicht wieder gegeben! Welche Schwärme von streitenden Gedanken und Entschlüssen drängen sich in taumelnder Verwirrung durch mein Haupt! — Ich will gehen, und unter jenen einsamen Bäumen die liebliche Abendluft schöpfen, und in der schattigen Stille mich über alle diese Dinge mit mir selbst besprechen.

7.

PANTHEA. MANDANE.

Panthea.

Was denkst du, meine mütterliche Freundin, von diesem Auftritte, zu welchem ich deine Gegenwart verlangte, damit du eine Zeugin und Richterin meines Betragens seyn möchtest? Bin ich zu gelinde gewesen? Und hat sich Araspes nicht zu schnell verwandelt?

Mandane. Deine Grofsmuth, meine Königin, und der mütterliche Nahme, dessen du mich würdigest, befehlen mir, deine Frage freymüthig zu beantworten. Obgleich dein Betragen bey diesem Auftritte der Würde einer Panthea gemäfs war, so hättest du doch den Schritt nicht wagen sollen, einem so feurigen Liebhaber Gelegenheit zu einer Erklärung zu geben, welche vorher von der Ehrfurcht für deine Hoheit und Tugend, so oft sie hervor zu brechen bereit war, auf seinen bebenden

Lippen erstickt wurde. Der längere Aufenthalt unter den Menschen hat mich ihre Leidenschaften kennen gelehrt. Glaube mir, Panthea, Araspes seufzte schon lange nach einem glücklichen Augenblick, dir sein Herz zu entdecken. Die erste Erklärung, hoffte er, würde ihm die Freyheit geben, sie so oft zu erneuern als er wollte; so würde er dich unvermerkt angewöhnen, seine Liebe zu dulden; er würde sich eine Art von Recht erwerben, sie zu vertheidigen und deine Einwürfe zu beantworten; das Ungeheuer würde durch öfteres Anschauen seine Häſslichkeit verlieren, es würde vielleicht endlich gar gefallen, und eine günstige Stunde — Kurz, ich fürchte du habest ihm, wider deine Absicht, zu Hoffnungen Anlaſs gegeben, die er nicht wagen dürfte, wenn dich deine allzu groſse Güte nicht bereits in seinen Augen erniedriget hätte. Es ist unmöglich, behutsam genug gegen diese kühnen Männer zu seyn, die immer geneigt sind uns mehr Schwäche zuzutrauen als wir wirklich haben, und die selbst aus den bittersten Vorwürfen und Abweisungen die süſsesten Hoffnungen zu saugen wissen.

Panthea. Ich gestehe dir, Mandane, daſs ich die Männer sehr wenig kenne. Ehe mich unser gemeinschaftliches Unglück diesem jungen Meder überlieferte, hatte ich auſser meinen Brüdern und meinem Gemahl kaum einen Mann in der Nähe gesehen. Ohne Zweifel kommt es von meiner Unerfahrenheit her, daſs ich nicht so schlimm von Araspes denken kann als du verlangst. Ich kann kein Verbrechen darin sehen daſs er mich liebt. Es ist sein eigener Vortheil, seiner Liebe Grenzen zu setzen. Ich hielt es für meine Pflicht, ihn zu beruhigen, indem ich ihm offenherzig alles entdeckte was er von mir zu erwarten hat. Wenn ich ihm, dachte ich, meine Freundschaft so frey und willig anbiete, so müſste er das unedelste Herz haben, wenn er sie verachten könnte. Wenn er also gleich in der Hitze des schwärmenden Affekts seine Wünsche weiter getrieben hat, so wird er jetzt in sich selbst gehen, und den Genuſs eines wirklichen Gutes einem gröſsern, das ihm versagt ist, vorziehen. Setze nun voraus daſs Araspes edelmüthig sey, so hab' ich nicht zu viel gethan. Warum soll ich ihn aber niederträchtig glauben? einen Menschen, an dem du selbst die Gröſse seines Geistes oft bewundert hast; dessen Reden und Handlungen uns eine lange Zeit in der guten Meinung stärkten, die uns sein erster Anblick von ihm beybrachte; von dem wir unläugbare Proben eines guten Herzens gesehen haben, und, was mehr als dieses alles ist, einen Freund des Cyrus! — Entschuldige mich, Mandane! ich kann keine schlimme

Folgen davon sehen, daſs ich, dieser gerechten Meinung gemäſs, als seine Freundin gehandelt habe. Denn setze auch das ärgste, daſs er sich meiner nicht unbedingten Freundschaft unwürdig zeige: so würde meine Güte, anstatt einigen Vorwurf auf mich zu laden, nur die Schwärze seiner Niederträchtigkeit erhöhen. Aber laſs uns nicht allzu miſstrauisch seyn, Mandane! Araspes kann nicht unedel, nicht arglistig und undankbar handeln.

Mandane. Gewiſs kann er es nicht, so lang' er derselbe Araspes ist, der unsere Hochachtung verdiente. Aber, meine liebste Panthea, eine einzige Leidenschaft, wenn sie die Seele bezwungen hat, macht in kurzem den ganzen Menschen unkennbar. Diese inwendigen Tyrannen können Tugend und Vernunft nicht neben sich leiden. Daſs er dich liebt, verdient keinen Tadel. Seine Liebe war vielleicht schön und lobenswürdig, ehe sie zu einer heftigen Leidenschaft wurde. Aber je vortrefflicher der Gegenstand unserer Neigung ist, desto gefährlicher ist ihr Übermaſs. Ich erinnere mich einer Stelle aus einem unserer Dichter, der die wahre Natur dieser Krankheit, welche die Männer Liebe nennen, nach dem Leben abmahlet: „Traue nicht, junge Schöne, (sagt das Lied) der schmeichelnden Zunge des Jünglings! Erst wenn sie siegt, zeigt sie ihr wahres Antlitz. Müfsten seine Gedanken laut ertönen, wie würde seine Zunge zum Lügner werden! Indem er dich vergöttert, spottet er heimlich deiner Erniedrigung. Wie sanft schlüpfen seine glatten Worte in dein leichtsinniges Herz! Du meinst, er liebe dich? Thörichte! Wenn er im Sonnenschein deiner Blicke hüpft, wenn er die Röthe deiner Lippen, die Weifse deines Halses, die runden wächsernen Arme, und die schlanke leicht schwebende Gestalt bewundert, so liebt er sich selbst. Begierde, lüsterne Begierde ist seine Liebe. Schmeichlerisch schmiegt sich die Anfangs liebkosende Schlange unter deinen Füfsen; aber bald wird sie sich unvermerkt an dem schönen Stamm hinauf winden, bis sie, fest um dich geschlungen, dein innerstes Mark mit tödtlichem Bifs vergiftet."

Panthea. Ob mich gleich Abradates, der meinem Herzen immer gegenwärtig ist, versichert, dafs ich nichts zu fürchten habe, so geziemt es doch meiner Jugend nicht, deine Warnungen zu verachten. Sage mir denn, Mandane, was soll ich thun?

Mandane. Es ist ein einziges unfehlbares Mittel, dich vor allen Folgen der ausschweifenden Liebe dieses Jünglings sicher zu stellen. Erlaube mir, dein Geheimnifs dem

Cyrus zu entdecken; er weiſs viel zu wohl was für eine Achtung der fräulichen Würde gebührt, als daſs er nur einen Augenblick anstehen sollte, ihn zurück zu berufen. — Aber ich sehe, daſs du meinen Vorschlag allzu streng findest.

Panthea. Bedenke, Mandane, daſs es unbillig seyn würde, wenn wir den Araspes in Gefahr setzten, die Achtung des Cyrus zu verlieren. Wie leicht könnte ihm deine Anklage eine schlimmere Meinung von diesem Jüngling beybringen, als er verdient! Wie leicht könnte diesem eine harte Begegnung von einem Prinzen, der ihn bisher an die freundschaftlichste gewöhnt hatte, allen Muth niederschlagen! Er würde aufhören, ihm mit dem freudigen Eifer zu dienen den die Liebe einflöſst; er würde sich jetzt vor den Blicken scheuen, die ehmahls seine Belohnung waren. Wie könnte mein Herz den Vorwurf ertragen, eine so schöne Harmonie, wie ihre Freundschaft war, unterbrochen zu haben? Und warum? Aus einer vielleicht ganz eiteln Besorgniſs. Araspes ist nicht unedelmüthig, Mandane! Er hat einen früh erworbnen Ruhm zu behaupten, er hat groſse Aussichten, er lebt unter den aufsehenden Augen eines Cyrus. Was für mächtige Stützen, selbst eine sinkende Tugend aufzuhalten! — Aber, wenn er auch wieder in einen fieberischen Anstoſs zurück fiele, was hab' ich zu fürchten? In deiner Gesellschaft, Mandane, von meinen Weibern und Sklaven umgeben, und unter dem königlichen Schutze des Cyrus, was kann ich fürchten?

Mandane. Vielleicht machen mich diese grauen Haare geneigter, als recht ist, zu Besorgnissen, die manchmahl eitel seyn mögen. Jedes Alter hat seine eigenen Krankheiten. Leute, die lange gelebt haben, kennen die Gebrechlichkeiten der menschlichen Natur; sie wissen Beyspiele von unangenehmen Folgen, die ein allzu groſses Zutrauen oder allzu wenig Vorsicht bestraft haben; man hat sie gelehrt, ja gezwungen, furchtsam zu seyn! Desto nöthiger ist es, daſs uns die Jugend etwas von ihrem Muthe, von ihrer Geneigtheit zum Hoffen, als ein Gegengift wider unsre Zaghaftigkeit, einflöſse. Der Ausgang möge meine Besorgnisse zu Träumen machen!

8.

Araspes allein.

O Hoffnung, holde Schmeichlerin, dürft' ich deinen Eingebungen trauen! Dürft' ich es glauben, daſs meine Liebe, mein Flehen, meine Thränen einst sie rühren könnten! — Ach! umsonst, umsonst schmeichelst du dir, verlangendes Herz! Ein andrer herrscht in ihrer Brust. Meine Liebe beleidigt sie. Welch ein schrekkender Ernst war in ihren Augen, da ich zu ihren Füſsen lag! — Aber — wie? verlor er sich nicht bald wieder in mildere Majestät, und diese selbst in sanftes Mitleiden? Besorgte sie nicht, mich zu sehr erschreckt zu haben? Trug sie mir nicht freywillig ihre Freundschaft an? „Liebe mich als eine Schwester.“ — Der bezaubernde Ton, womit sie es sagte, erklingt noch in meiner Seele! — War nicht Zärtlichkeit in ihrem Blick, als sie mich verlieſs? Was verspricht mir dieſs? — O Panthea, ich will, ich will mich dieser entzückenden Hoffnung überlassen! Der gefährlichste Schritt ist gethan. Sie kann sich nicht mehr weigern, die Erklärungen meiner Liebe anzuhören! Nach und nach wird ihr gewöhntes Ohr sich willig zu den gefallenden Tönen neigen, und sympathetische Triebe werden in ihrem erweichten Herzen erbeben. In Freundschaft verkleidet, wird die unverdächtige Liebe ihr Vertrauen gewinnen; sie wird die feurige Beredsamkeit meiner Lippen, sie wird das bedeutende Schmachten meiner Blicke, und selbst meine Liebkosungen dulden; das angenehm beschäftigte Herz wird des abwesenden Abradates vergessen, von Freuden und Scherzen herbey geführt, wird die günstige Stunde kommen, und — O Araspes, du wirst glücklich seyn!

VIERTE ABTHEILUNG.

1.

ARASPES allein.

Wie frisch und lieblich ist dieser Morgen! Wie reitzend die nachlässige Schönheit der halb verhüllten Natur! Dank sey dem heilenden Schlummer, der so lange meine Nächte verlassen hat! ich fühle das munterste Leben wieder in meinen Adern hüpfen. Alle meine Sorgen sind in lachende Hoffnungen verwandelt. — Ich erstaune über meine Trägheit. — Wie lange hab' ich mich umsonst gequält! In Wahrheit, der verdient unglücklich zu seyn, der sich selbst verloren giebt. — Wer peinigte dich so, Araspes? — „Die Liebe?" — Die Liebe kann nur einen Thoren peinigen. —

„War es die strenge Panthea?“ — O sie ist ja lauter einladende Güte, lauter reitzende Holdseligkeit. Kam sie nicht selbst, mit tröstenden Reden meinen eiteln Kummer zu besänftigen? Wie undankbar wäre ich, sie der Strenge zu beschuldigen! — „Aber sie liebt mich nicht?“ — Dieſs ist noch ungewiſs! Vielleicht ist meine Schüchternheit, nicht ihr Kaltsinn, die Ursache, daſs ich noch zweifeln muſs. Warum soll ich nicht hoffen? Könnte ein so sanftes Geschöpf, so ganz gemacht Liebe einzuhauchen, unfähig seyn, die Begierden selbst zu fühlen die es erweckt? Wie lange soll mir denn meine eigene Feigheit schaden? Nur den kühnen Liebhaber belohnt Amor mit seinen Freuden, und bestraft den mit verdienten Schmerzen, der nur Seufzer wagt. — Hab' ich sie denn schon auf die Probe gesetzt? Hab' ich ihr zärtliches Ohr angewöhnt, die freyen Erklärungen meiner Liebe zu dulden? Hab' ich etwann einen der gewogenen Augenblicke gehascht, da die Seele in einer süſsen Vergessenheit ihrer selbst einschläft, und die erhitzte Sinnlichkeit sich nach bekannten Freuden sehnt? Was verzage ich denn? Nein, eine so blühende Jugend, eine so belebte, gefühlvolle, liebeathmende Schönheit kann nicht unbezwingbar seyn! O was für Entzückungen verspricht sie dem Glücklichen, dem sie mit glühenden, sich selbst bewuſsten Wangen, mit halb geschlossenen Blicken und klopfendem Busen, wollüstig seufzend seinen Sieg bekennen wird! — O dafs in diesem Augenblick ein der Liebe günstiger Genius sie herbey lockte, dafs der junge rosenbekränzte Tag sie zum Morgengesange der Vögel in diese Schatten lockte! — Aber was hoffst du, Unbesonnener? Ihre Unschuld — O lafs sie so unschuldig seyn als der erste Seufzer eines halb aufgeblühten Mädchens, so keusch als Diana, ehe sie ihren silbernen Wagen zu Endymion herab lenkte: was schadet das meinen Hoffnungen? Ihre Unschuld wird durch den sanft sträubenden Widerstand meinen Sieg nur angenehmer machen. — Stille! — Was rauscht durch jenes Gebüsche? — Ist es, oder täuscht mich das verlangende Herz — Ist es nicht die Gestalt der Panthea, oder ist es eine Waldnymfe, die ihre Schwestern sucht? — Ich will ihr, so leise wie ein Schatten, nachschlüpfen — Vielleicht hat die Liebe meinen Wunsch erhört.

2.

ZWEY SKLAVINNEN DER PANTHEA.

Erste Sklavin.

Hier, Scheristany, werden wir genug Blumen finden. Die Morgenröthe hat hier ihren ganzen Vorrath verschüttet.

Zweyte Sklavin. Siehe dort jene volle stolz aufgeblühte Rose, wie schön sie aus dem dunkeln Busche hervor lacht! Noch reitzender soll sie aus den braunen Locken der schönen Panthea hervor lachen, und, von ihren Wangen übertroffen, noch mehr erröthen. — Oder meinst du, Zelis, sie würde lieber an meinem Busen glänzen?

Erste Sklavin. (lachend.) Warum nicht? Sie wird stolz auf einen so schönen Platz seyn. Laſs sie mich anheften. Wir wollen für Panthea bald eine andre finden. — Hier habe ich schon einen ganzen Frühling in meinem

Korbe. Lass uns auf diese Veilchenbank nieder sitzen, und den schönsten Kranz flechten.

Zweyte Sklavin. Du willst die Königin heute recht reitzend ausschmücken. Weiss auch Scheristany, wer ihr am meisten dafür danken wird?

Erste Sklavin. O ich errathe was du sagen willst. Es ist kein Geheimniss mehr, dass Araspes für die Königin seufzet.

Zweyte Sklavin. Und vielleicht nicht lange mehr seufzen wird? Was meinst du, Zelis? Hast du nicht —

Erste Sklavin. Die Blicke gesehen, die zärtlichen Blicke, die man über den glücklichen Jüngling ausgiesst, die vertrauten Gespräche, die Spaziergänge im Myrtenwäldchen, die grossmüthige Besorgniss für seine Gesundheit! Alles, alles verkündigt das Glück des neuen Günstlings. Was für seltsame Geschöpfe sind wir doch!

Zweyte Sklavin. So? Findest du etwann einige kleine Unrichtigkeiten in dir selbst, dass du so fertig bist über das ganze Geschlecht zu schmähen?

Erste Sklavin. Höre, Scheristany, wenn wir aufrichtig sind und uns selbst kennen, so wird sich keine für unüberwindlich halten.

Aber doch könnte ich es der Königin nicht vergeben, wenn sie —

Zweyte Sklavin. Ey wie streng, Zelis! Was, denkst du, sollte eine Frau, der alle Morgen ihr Spiegel und die weit offnen Augen eines jeden, der sie siehet, ihre Schönheit vormahlen; der die ganze Natur sagt, dafs sie zum Vergnügen erschaffen sey; der es ihr inneres Gefühl noch lauter sagt; — soll sie sich selbst im Frühling ihres Lebens zu einer ewigen Wittwenschaft verdammen? Und warum? Um des albernen Ruhmes willen, von irgend einem zukünftigen Dichter mit der Turteltaube verglichen zu werden, die ewig trostlos, auf einem verdorrten Aste sitzend, den Verlust ihres Gatten beweint? O gewifs, eine Schönheit, wie Panthea, ist nicht gemacht, ungeliebt und ungenossen, von Seufzern und hartnäckiger Schwermuth zu verwelken. Was ist hierin tadelnswerth? Wenn auch Abradates noch lebt, so hat er ihrer vergessen; und ihre Gefangenschaft, die alle vorigen Verbindungen auflöst, giebt ihr das Recht, ihn hinwieder zu vergessen.

Erste Sklavin. Du sprichst, als ob du niemahls eines getreuen Liebhabers werth seyn werdest. Ist es denn gewifs, dafs Abradates sie vergessen hat? Vielleicht ist er schon auf dem Wege sie zu befreyen. Welch ein Schmerz würde dem seinigen gleichen, wenn er seine geliebte und treu geglaubte Panthea in eines andern Armen fände!

Zweyte Sklavin. Er fände dann, meine gute Zelis, daſs er nicht der einzige sey, der das Geheimniſs besitze der schönen Panthea zu gefallen. — Aber im Ernste, dünkt dich nicht auch, die Männer seyen unbillig, uns wie ihr Eigenthum zu behandeln? Gleich als ob wir nur da wären, ihre Leidenschaften und nicht die unsrigen zu vergnügen! Sollten wir nicht eben so wohl ein Recht haben, für unsre kleinen Bedürfnisse zu sorgen, als sie für die ihrigen? Was meinst du, Mädchen?

Erste Sklavin. Daſs du eine leichtsinnige Thörin bist. Aber stille! ich höre Mandane rufen. — Siehe, unter deinem Geplauder ist mein Kranz fertig geworden. Laſs uns gehen.

3.

Araspes. Arasambes.

Araspes noch allein.

Wo bin ich? Bin ich Araspes? War es ein Traum? War es wirklich? O wie schwimmt mein ganzes Wesen in Entzückung! — Es war kein Traum! — Alles was die Natur bezauberndes hat — Nein, keine Worte sind vermögend zu beschreiben, was ich gesehen habe! — Wie schön stand sie da, in schamhafte Rosenfarbe gekleidet, wie holdselig in sich selbst geschmiegt! Wie glänzte das dunkle Gebüsch um sie her! — Mich däuchte, ich sahe ganze Schwärme von Zefyrn, um sie her gaukelnd, die lieblichsten Düfte des Morgens auf sie herab schütten. Wie leicht schien ich mir selbst! Ich glaubte in der Luft zu schweben; kaum hielt ich mich, daſs ich nicht, selbst ein Zefyr, auf sie zuflatterte. — O ist denn niemand hier, über den ich meine Freude ausgieſsen kann? Möchte ich doch meinen

Arasambes finden! — Diese Bäume sind so stumm, so unempfindlich; ich muſs einen Zuhörer haben, der mein Entzücken mitempfinden kann.

Arasambes. Wohin Araspes? Siehest du mich nicht? Höre wenigstens, wenn du nicht mehr sehen kannst!

Araspes. Wer ruft mir? Woher? — Ha! dich sucht' ich eben! Willkommen, Arasambes! Nie bist du mir erwünschter gekommen! Nie hast du mich so glücklich gesehen als ich jetzt bin!

Arasambes. Was kann vorgegangen seyn, lieber Araspes, das dich so fröhlich macht? Welch ein Sprung von der gestrigen Schwermuth zu diesem Übermaſs der Freude! Die funkelnden Augen, die wallenden Muskeln, der hüpfende Gang, alles verkündigt Entzückung und Wonne. Was kann dir begegnet seyn? Bist du eben jetzt aus einem süſsen Morgentraum erwacht? — Oder

Araspes. Ich hätte groſse Lust, dich rathen zu lassen, wenn ich nicht vor Ungeduld zitterte, dir mein glückliches Abenteuer zu erzählen. Aber ich sage dir, Arasambes, wenn du mein Freund bist, so heitre diese schläfrige Miene auf und lächle. Alles was Leben und Gefühl hat, die ganze Natur soll sich mit mir freuen! Verwünscht seyen diese Bäume hier, weil sie nicht aufhüpfen, und jeder eine Dryade hervor läfst, durch gaukelnde Tänze und Freudengesänge diesen Hain zu beleben!

Arasambes. Ich würde vielleicht fröhlicher seyn, wenn ich dich weniger liebte! — Aber sage mir nur erst, worüber ich mit dir frohlocken soll.

Araspes. So höre denn, du kalter unempfindlicher Mensch! Die Morgenröthe weckte mich heute aus dem sanftesten Schlaf. Ich stand auf, so vergnügt, so froh, als ob ich ein andrer Mensch sey, als der, den du gestern wie einen Thoren seufzen und winseln hörtest. Diese Verwandlung brachte die Unterredung mit Panthea hervor. Ihre sanften Tröstungen bezauberten die Wuth meiner Schmerzen, ihre Blicke strahlten Hoffnung in meine Seele. So war ich eingeschlummert, und der Gott der Liebe, der meinen unbesonnenen Trotz und die Verachtung seiner Macht genug bestraft hatte, zeigte mir in reitzenden Träumen was ich thun sollte. Der angenehmste von ihnen weckte mich. Ich stand auf, und ging in diesen Myrtenhain, von niemand bemerkt. Eine geheime Ahnung führte mich. Meine Sklaven schliefen noch alle. — Ohne Zweifel glaubte mich auch Panthea noch im Schlummer begraben: denn indem ich hier unter einer Rosenlaube den schmeichelndsten Hoffnungen nachhänge, höre ich durch die halb schlummernde Stille im nahen Gesträuch etwas vorüber rascheln. Ich stehe auf, und schleiche dem Rauschen nach, so leise wie wenn ein Lüftchen über die Spitzen des Grases hinschwebt. Zuletzt kam ich an den Ort; und o mit welchem Gemisch von Erstaunen und Freude — Aber du siehest gar nicht munter aus, Arasambes?

Arasambes. Fahre nur fort, Araspes! Ich besorge, deine Erzählung werde mich nur zu sehr rechtfertigen.

Araspes. Und was meinst du wen ich sah? Es war Panthea, die schöne Panthea, die mit Mandane und zwey Sklavinnen gekommen war sich zu baden. Sie kam so früh, in der Meinung, desto gewisser allein zu seyn. Es scheint, sie habe dieſs schon öfters gethan, und darum war sie jetzt desto sichrer. Aber Amor hatte Lust, ihr einen Streich zu spielen.

Arasambes. Ich will doch nicht hoffen —

Araspes. Und was? daſs ich zugesehen habe? O Bildsäule von einem Menschen! Dann wäre ich gewesen was du und deine Brüder, die Felsen und Bäume dieser Gegend, sind! Ich sollte wie ein Thor die Augen zugeschlossen haben, wenn die Natur ihre gröſste Schönheit, ihr vollkommenstes Werk vor mir enthüllte?

Arasambes. Du erräthst meine Gedanken sehr scharfsinnig. Aber antworte mir nur auf dieſs: War es nicht unedel, unzärtlich, daſs du einen verstohlnen Zuschauer abgabest, wo du wuſstest daſs Panthea keinen Zuschauer verlangte?

Araspes. Wuſst' ich das? Meinst du, diese schönen Geschöpfe seyen im Ernst erzürnt, wenn ein verrätherischer Zufall ihrer angebornen Begierde zu gefallen zu Hülfe kommt? Meinst du, es sey ihre eigene Erfindung, daſs sie sich so vor uns verbergen? — Aber ich habe jetzt keine Lust zu streiten; ich will erzählen. Kennst du die Grotte am Ende des Myrtenhains?

Arasambes. Ich erinnere mich nicht sie gesehen zu haben.

Araspes. Es ist eine hohe gewölbte Grotte, in einen Felsen von Porfyr gehauen, und von beiden Seiten mit Myrten und Balsamstauden dicht umkränzt. Aus hundert Spalten sprudelt, oder rieselt, oder thauet krystallnes Wasser hervor, und sammelt sich in einem weiten Becken von schwarzem Marmor, das mit einem Kranze der schönsten Blumen rund umher verbrämt ist. Hierher begab sich Panthea von der Alten begleitet. Die beiden Sklavinnen entwichen. Sie blieb allein mit Mandane, unwissend, daſs ihr Liebhaber, von der günstigen Schwärze der Myrtenhecken und von der Dämmerung versteckt, so nahe war, und, selbst unsichtbar, mit geitzigen Blicken zusah, wie ihre untadelige Schönheit sich nach und nach enthüllte, bis sie nur mit sich selbst geschmückt da stand; ein Anblick, der auch ein Steinbild, ja sogar dich, mit Leben erschüttert hätte. Denke nicht, daſs ich sie durch eine Beschreibung entweihen werde. Niemahls, niemahls würde ich dir nur den kleinsten Theil aller dieser nahmenlosen Reitzungen begreiflich machen, die meine schauende Seele bezauberten.

Arasambes. Aber wie konntest du dich, so feurig und entzückt als du warst, enthalten, aus deiner Dunkelheit, wie ein Faun, hervor zu rauschen und die reitzende Nymfe zu haschen?

Araspes. Ach mein Freund! ich war lauter Auge oder vielmehr lauter Seele, die, in Bewunderung verloren, vergaſs daſs sie einen Körper habe. Vergeblich würde ich mich bemühen, dir auszudrücken was ich fühlte. Es war etwas festliches in meiner Entzückung, wie wenn eine Göttin des Himmels in strahlender Glorie vor mein Auge herab gestiegen wäre.

Arasambes. Ich bewundre dich, Araspes. Dein Herz verläugnet, selbst wenn es ausschweift, seine angeborne Gröſse nicht. Dieses bescheidne Betragen bey einem so gefährlichen Anlasse versichert mich, daſs meinem Araspes keine Tugend unmöglich ist. Nun zweifle ich nicht mehr, du werdest dir selbst gleich bleiben, und die schöne Panthea niemahls ohne diese heilige keusche Ehrfurcht anschauen, die einer Göttin gebührt.

Araspes. Du scherzest, Arasambes. Diese feierlichen Empfindungen, die Frucht der vergötternden Erstaunung, sind eben so vergänglich als hochfahrend. Wie, meinst du, ich sollte mir selbst verbergen können, daſs Panthea eben so irdisch ist als die übrigen Weiber? Glaube mir, sie hat keine Ursache sich der Menschheit zu schämen; und da ich jetzt mehr als jemahls empfinde wie schön es ist ein Mensch zu seyn, so kommt es mir nicht zu, sie anders als nach menschlicher Weise zu lieben.

Arasambes. Ey, wie bald haben sich deine so geistigen Empfindungen verkörpert! Noch vor wenigen Tagen liebtest du nur ihre

Seele, so rein, so begierdenfrey, wie ein Sylfe die junge Schöne liebt, deren gleitende Unschuld er bewachen soll. Schämst du dich nicht, deinem ersten Gegenstande so bald ungetreu zu werden? Und für wen? Ich erröthe es zu sagen. Es ist als ob du Panthea um eine ihrer Sklavinnen vertauschtest.

Araspes. O schweige von diesen hochfliegenden Einbildungen! Die Erfahrung ist meine Lehrerin gewesen. Der Mensch ist nicht zur ätherischen Liebe gemacht. Meinst du, diese anmuthigen Geschöpfe würden es zufrieden seyn, wenn uns irgend eine himmlische Macht in Sylfen auflösen wollte? Oder kannst du glauben, eine Frau würde jemahls einen Liebhaber haben, wenn ihr Geist, ihre Tugend, ihre Sitten, das einzige wären, was sie reitzendes hätte?

Arasambes. Ich erstaune über die neue Denkart, die dir dieser Morgen eingegeben hat. Und was sind nun deine Absichten? Was hat Panthea von einem so irdischen Liebhaber zu erwarten, als du zu seyn dich rühmest?

Araspes. Alles was die schönste unter den Frauen von den Entzückungen des feurigsten Jünglings erwarten kann. Falte deine Stirne nicht zu vergeblichen Verweisen, Arasambes! Fürchte nicht, daſs ich mich zu unedeln

Mitteln herab lassen werde. Mein Herz verschmäht den wilden Zwang und die kriechende List. Wenn mich meine Hoffnung nicht betrügt, so werde ich von ihrer gefälligen Güte erhalten, was nur trunkne Faunen, die an einem Bacchusfest unter frechen Mänaden auf den Thracischen Bergen rasen, mit Gewalt zu nehmen fähig sind. Sie wird mich lieben, Arasambes! sie wird meiner überredenden Sehnsucht weichen, und — in ihren willigen Armen werde ich glücklich seyn!

Arasambes. Hast du vergessen, mein Freund, wer diese Panthea ist, die du mit so frevelhaften Hoffnungen beleidigest? Du hoffest ihre Klugheit zu bethören, ihre Tugend einzuschläfern? Aber Araspes! wie bedaur' ich dich! Wo ist dein Verstand hingeflogen? Wahrlich, wenn du schöner wärest als Adonis, für den die Göttin der Schönheit in den Syrischen Hainen seufzte, schöner als die Liebesgötter die ihren Wagen durch die Rosen von Damaskus ziehen; wenn alle die Zauberkräfte, alle die anziehenden Liebreitze und schmeichelnden Künste, die in ihren Gürtel gewebt sind, in deinen Augen funkelten und auf deinen Lippen lockten: — die Tugend einer Panthea würde deiner ohnmächtigen Versuchung spotten.

Araspes. Wenn Panthea mehr oder weniger wäre als eine Frau, so würdest du meiner

Hoffnung mit besserm Grunde spotten. Aber glaube mir, diese anmuthsvolle Schöne ist weder aus Marmor gehauen, noch aus Äther zusammen geronnen; sie ist ganz Gefühl, ganz dazu gemacht, die Liebe zu erwiedern die sie einhaucht. Ich sah sie, gleich der badenden Diana, von aller Strenge, aller dieser angenommenen Feierlichkeit entwaffnet, womit die weibliche Kunst unentschlofsne Liebhaber in Ehrfurcht hält; seit diesem Augenblicke bin ich lauter Hoffnung. Lafs nur die günstige Stunde kommen, — in diesen beseelenden Tagen, da die ganze Natur, von der schwach fühlenden Pflanze bis zum königlichen Menschen, Liebe athmet — lafs sie kommen die günstige Stunde, und die strenge geglaubte Göttin wird zu einer milden Sterblichen zerschmelzen. Mich dünkt, ich sehe sie unter jenen Schatten, dort wo die hohen Lauben häufige Blumen zum weichen Lager herab schütten; halb schlummernd seh' ich sie ins junge Gras hingegossen. Lüsterne Mittagswinde spielen mit ihrem leicht schwebenden Gewande. Wie willig athmet sie den Geist des Frühlings ein! Das süfse Gift wallet durch ihre Adern, sie staunt; tausend glänzende Träume von Entzückung und Wonne schwimmen um ihr Auge. — O lafs mich eine dieser glücklichen Stunden haschen; und wenn ihre Tugend diese Probe bestanden hat, dann sage, dafs sie unüberwindlich sey!

Arasambes. Halt ein, Araspes! Meine Geduld und dein Muthwille geht zu weit. Ich bedauerte dich, so lange nur dein Verstand angegriffen war; aber es ist unmöglich deiner Krankheit länger zu schonen. Das Übel hat sich zu deinem Herzen durchgefressen; deine Denkungsart, deine Sitten sind angesteckt. Unglückseliger! was für einen Entwurf hast du gemacht! Wie sehr muſs deine Seele schon zerrüttet seyn, daſs sie ihn nur zu denken fähig war! Zittre vor dir selbst, Araspes! Es ist die Gemahlin des Abradates, die du von der glänzenden Höhe der unbefleckten Ehre zu den niedrigsten ihres Geschlechts herab stürzen willst. Panthea kann niemahls, niemahls die Deinige seyn. Abradates allein hat ein Recht an den Besitz dieser Schönheiten, die deine unreine Leidenschaft entweihet.

Araspes. Und was meinst du also daſs ich thun soll?

Arasambes. Was du thun würdest, wenn die Erfüllung aller deiner Wünsche die Hitze deiner Flammen abgekühlt hätte. Glaube mir, Araspes, dieser Taumel der berauschten Vernunft kann nicht lange dauern. Eine so sinnlich schwärmerische Liebe erstickt am Genuſs. Sey zu rechter Zeit weise! Denke, wie du gewiſs alsdann, aber zu spät denken würdest.

wenn deinen entzauberten Begierden nichts mehr zu wünschen übrig wäre.

Araspes. Wie schändlich lästerst du meine Liebe! Ich sollte aufhören Panthea zu lieben? Sie, deren Reitzungen alle anzuschauen und zu bewundern kaum die Unsterblichkeit zureichte? — Ich bitte dich, höre auf, mein Ohr mit deinem Unsinn zu beleidigen. Der müſste meine Seele versteinern können, der mir verbieten wollte für diese göttliche Schöne zu brennen. Überlaſs mich mir selbst, wenn du nur gekommen bist meine Freuden zu stören.

Arasambes. Ich werde dich in diesem Zustande nicht verlassen, Araspes. Wann bedürfen wir des freundschaftlichen Beystandes mehr, als wenn eine Leidenschaft uns unser selbst beraubt hat? — Meine Sinne sind nicht bezaubert; meine Einbildung ist nicht in Flammen; mein Verstand ist nicht geblendet. Ich sehe deinen Zustand wie er ist. Ich sehe dich mit trunkner Seele am Rand eines furchtbaren Abgrundes schwanken, und ich sollte dich nicht zurück ziehen?

Araspes. Laſs mich, Arasambes, laſs mich immer in diesen Abgrund stürzen, der dir so furchtbar scheint. In meinen Augen ist er eine See von Wonne und Freuden der Götter.

O Panthea! ein einziger Augenblick in deinen Armen verdiente mit tausend Gefahren, mit dem Tode selbst erkauft zu werden! Aber diese Gefahren, diese Abgründe, mein Freund, sind nirgends als in deiner trübsinnigen Einbildung. Höre nur meinen Entwurf, und urtheile dann, ob mein Verstand so benebelt sey als du wähnst. Wenn ich das Herz der schönen Panthea gewonnen habe, so ist nichts übrig, das sich meinen Wünschen widersetzen könnte. Abradates hat kein Recht an Panthea mehr; sie ist eine Gefangene, eine Sklavin des Cyrus. Alle ihre vorigen Verbindungen sind aufgelöst. Cyrus allein hat das Recht, das Schicksal seiner Sklavin zu bestimmen. Ich will ihn suchen, ich will seine Knie umfassen, ich will ihm flehen daſs er meine Liebe billige. Er wird seinem Freunde diese einzige Bitte nicht versagen. O durch was für Thaten will ich sie verdienen! Ich will ihn bis an den Ocean begleiten; ich will ihn in andere Welten begleiten; er mag die Beuten von Königen, ganze Provinzen, die goldne Atlantis selbst unter seine Gefährten austheilen; meine Belohnung soll Panthea seyn!

Arasambes. Wie jammert mich deine Verblendung, mein unglücklicher Freund! Ists möglich, daſs du hoffest Cyrus werde deine Leidenschaft billigen? Du hoffest, er werde die Königin von Susiane der Brunst eines schwärmenden Jünglings Preis geben; sie, durch die er den mächtigen Abradates zu seinem Freund und zu einem feurigen Verfechter seiner Sache zu machen gedenkt? Du kannst eine so thörichte Gefälligkeit von Cyrus hoffen? Verachtung wird alles seyn, was deine sinnlose Liebe von ihm zu erwarten hat!

Araspes. Ach Arasambes! was für eine Erinnerung rufst du in meine Seele. — Hinweg von mir, grausamer Feind meiner Freude! Verlaſs mich! Überlaſs mich meinem Schicksal! Aus was für einer süſsen Bezauberung hat mich deine verhaſste Gegenwart erweckt!

Arasambes. Höre mich erst, Araspes! Du suchst mir umsonst zu entrinnen. Wie eine Plagegöttin will ich dich verfolgen. Du sollst die strafende Stimme der Tugend hören, die du beleidiget hast! Sie wird aus dem Munde eines Freundes nicht so furchtbar tönen, als sie, wenn du dein Verbrechen vollendet hättest, aus den Tiefen deiner Seele donnern würde. Laſs es seyn, daſs Cyrus deine Leidenschaft billige. Noch mehr, Panthea selbst soll schwach genug seyn, in deinen Entwurf einzuwilligen. Würdest du darum minder sträflich, minder des Abscheus aller menschlichen Wesen würdig seyn? — Denke einen Augenblick nach, und sprich dir dann dein Urtheil selbst. Würdest du es wagen dürfen, mit dieser von dir erniedrigten, entehrten Panthea vor die Augen der Tugend zu treten, wenn sie sichtbar würde, über dich zu richten? — Ich weiſs wohl, daſs eine unsittliche Gewohnheit, die ihr Alterthum befestigen aber nicht rechtfertigen kann, dem Sieger ein barbarisches Recht über seine Gefangenen giebt. Aber seit wann bedient sich der Groſsmüthige der Vortheile, die ihm ungerechte Gesetze über die Unschuld geben? Seit wann handelt der Tugendhafte nach den Regeln der Gewohnheit einer verderbten Welt? Seit wann bildet er seine Aufführung nach dem Beyspiel der Menge? — Sein eigenes angebornes Gefühl von dem was recht und edel ist, das Bild der Schönheit und der Ordnung, das die Natur in seine Seele eingegraben hat, dieſs allein ist sein Gesetz. Er würde das Gute thun, wenn gleich eine ganze Welt sich zusammen verschworen hätte das Gute zu strafen; er verschmähte eine unedle That, wenn gleich alle Thronen Asiens ihre Belohnung, und Nazionen von Sklaven schändlich genug wären, seine Übelthat durch marmorne Aufschriften der Nachwelt als eine Groſsthat anzupreisen. Du, Araspes, den die Natur zur Tugend bildete, der ihre göttliche Schönheit gesehen, ihre Freuden geschmeckt, ihre Hoffnungen vorempfunden hat, — kannst du schon so tief herab gestürzt seyn, eine schändliche That zu thun, weil du sie ungestraft zu thun hoffest? — Doch vielleicht verbarg dir die angenehme Schwärmerey der Leidenschaft ihre ganze Häſslichkeit. Aber laſs dich erinnern, daſs die Bande, welche Panthea mit Abradates verknüpfen, so heilig sind, als die ewige Eintracht und Harmonie der Schöpfung. Was würde die Gesellschaft der Menschen werden, wenn diese Bande aufhörten unverletzlich zu seyn? Ein schamloser viehischer Haufe, wild und gesetzlos, gleich denen, die die Baktrischen Wälder durchbrüllen. Die keusche Liebe, die süſse Quelle des häuslichen Glücks, würde zum thierischen Bedürfniſs eines Augenblicks erniedriget; alle diese zärtlichen und huldreichen Empfindungen, die sie einflöſst, würden verschwinden, und statt milder gefälliger Sitten würde eine zaumlose Wildheit den Menschen zum ungeheuersten der Thiere machen. Der Elende, der nach der geheiligten Schönheit einer Vermählten wiehert, ist ein Wüthender, der die Bande zerreiſsen will, womit die Natur selbst, die oberste Gesetzgeberin der Wesen, die Menschen zu einem Brüdergeschlecht verwebt hat. Seine schnöde Lust stiehlt einem rechtschaffnen Manne den süſsen Trost, den er gewohnt war in den Armen einer zärtlichen Gattin zu finden, und beraubt das unschuldige Kind einer tugendhaften Mutter. Sollte sich

Araspes einer solchen That schuldig machen können? Sollte er der Welt ein solches Beyspiel geben, und auf eine so schändliche Art die Erwartung seiner Freunde betrügen?

Araspes. Ach Arasambes!

Arasambes. Dieſs ist noch nicht alles! Denke was für ein Anschlag das ist, den du auf die schöne Panthea gemacht hast. Du liebst sie, sagst du, und du willst auf ewig den Ruhm, den Frieden, die Glückseligkeit derjenigen zerstören, die du liebst. Welch ein glorreiches Geschöpf war Panthea, ehe du sie kanntest! Die Natur kann nichts vollkommneres erfinden als ihre Gestalt, die Tugend nichts schöneres bilden als ihre Seele. Selbst die Farben der Entzückung, womit du mir sie mahltest, eh' ich sie selbst gesehen hatte, haben ihr nicht schmeicheln können. Und diese preiswürdige Schöne willst du des Glanzes berauben, ohne den die Schönheit eine welke Blume ist? des Schatzes, den alle Reichthümer des Ganges und Indus nicht ersetzen können? dieser innerlichen Ruhe, dieses tröstenden Bewuſstseyns eines untadeligen Werthes, das den Verlust aller irdischen Güter zu bezahlen und jedes Ungemach des Lebens zu besänftigen vermag; der schönen Unschuld, die, wenn sie von einem Throne verstoſsen in einer strohbedeckten Hütte wohnen müſste, die strohbedeckte Hütte zu einem Tempel des Friedens und zum Augenmerk herab schauender Götter machte? Sie, deren reine Seele sich in allen ihren Zügen mahlte, die gewohnt war, mit dem edlen ruhigen Stolze, den die sich selbst bewuſste Unschuld giebt, in jedem Auge den Ausdruck der bewundernden Ehrfurcht zu lesen, — sie soll, von dir entweiht, von dir zur Mitschuldigen deines Verbrechens gemacht, gezwungen seyn, die Augen niederzuschlagen und vor dem Blick eines Sterblichen zu beben? Ihre keuschen Wangen sollen von einer verbrecherischen Röthe glühen? Ihr schüchterner Blick soll in jedem Gesicht das Urtheil lesen, das ihre Seele über sich selber fällt? Oder bist du, Unglückseliger, bist du fähig zu wünschen, daſs sie mit der Unschuld sogar die Scham, die letzte Spur der ehmahls gegenwärtigen Tugend, verlieren sollte? Umsonst würdest du es wünschen! So ist das unveränderliche Gesetz der Natur: Scham und Reue und zitternde Furcht zeichnen den Verbrecher aus, und verfolgen ihn bis in die Finsterniſs, wohin er den Augen der Menschen, aber nicht sich selbst entfliehen kann; von immer währender Angst erschüttert, fürchtet er die ganze Natur; sein Schatten wird ein Gespenst für seine schreckenvolle Seele, und der Bäume rauschende Blätter murmeln ihm seine

Verbrechen vor. Ist dieser Zustand entsetzlich? Es ist noch nicht das ärgste, was du der unglücklichen Panthea zubereitest. Die Elenden, die niemahls den Reitz der Tugend gekannt haben, die, in unsittlicher Wildheit aufgewachsen, zum Laster gewöhnt und zur Schande abgehärtet sind, mögen vielleicht endlich zu der unseligen Ruhe gelangen, die denjenigen betäubt, für den das Böse durch eine lange Übung zum Gut geworden ist. Aber hoffe nicht, eine Panthea im Schooſse des Lasters einzuschläfern. Ihre Seele ist zur Tugend gemacht. Vielleicht kann sie eingeschläfert werden; aber sie wird bald erwachen, und das Andenken dessen, was sie war, wird ihr die Vorwürfe dessen, was sie ist, unerträglich machen. Eine Seele, die sich selbst verachten, sich selbst verdammen muſs, ist das elendeste aller Wesen. Und o mit welchem Haſs, mit welchem schauervollen Abscheu würde sie denjenigen ansehen, der sie dahin gebracht hätte, sich selbst verachten zu müssen! Siehe, Araspes, dieſs sind die Folgen von dem was deine Seele brütet! So liebst du die schöne Panthea!

Araspes. Höre auf, Arasambes, verschone mich! Höre auf meine Seele zu zerreiſsen! Grausamer Freund! was für ein fürchterliches Heer von Schreckgespenstern hast du gegen mich aufgeführt! — Verflucht sey der blofse Gedanke des Frevels, dessen du mich fähig hältst! Kannst du, der Zeuge meines vergangenen Lebens, mich für einen so verworfenen Elenden halten, als ich seyn müfste, um deine unglückweissagenden Besorgnisse zu rechtfertigen?

Arasambes. Ich kenne dein Herz, Araspes, und ich kann, ohne ungerecht oder vergefslich zu seyn, glauben, dafs die Trunkenheit der Leidenschaft dich fähig machen könne zu thun, was nur geübte und gefühllose Vertraute des Lasters bey kaltem Blute zu thun im Stande sind. Der Abgrund, an dessen Rande du wankest, ist mit Freuden und Entzückungen umnebelt. Die Vernunft hat für etliche Augenblicke den magischen Nebel zerstreut. Es sind kostbare Augenblicke, Araspes! säume nicht sie anzuwenden. Fliehe, mein Freund, fliehe vor Panthea und vor dir selbst. Eine zweyte Gefahr könnte die Versuchung unwiderstehlich machen.

Araspes. Ich bedarf der Einsamkeit, Arasambes. Verlafs mich! Ich will mich von diesem Ort entfernen, auf dem die Bilder der Freuden schweben, die du aus meiner Seele verscheucht hast. Ich will mein Herz erforschen, und wenn ich es so niedrig, so hassenswürdig finde, als du voraussetztest dafs es seyn könne, so soll diese rächende Hand es aus meiner Brust reiſsen!

Arasambes. Ich bin genöthiget dich zu verlassen. Ein Befehl, den ich gestern von Tigranes erhalten habe, trägt mir ein Geschäft auf, das keinen Verzug leidet. Ich kam nur, dich zu umarmen; der Zustand, worin ich dich fand, hielt mich länger bey dir auf als die Zeit mir erlaubte. Nun wirst du dir selbst überlassen seyn. Ich muſs eilen. Wollte der Himmel, daſs du mich begleiten dürftest!

4.

Araspes allein.

Arasambes verachtet mich — Ja! er verachtet mich, und ich selbst gab ihm die Ursache dazu! Ich Unvorsichtiger! warum mufste ich mich ihm in einem Augenblick zeigen, worin nur leblose Zuhörer unnachtheilig sind? Warum konnte ich mich nicht ohne Zeugen freuen? — Aber es war mir unmöglich zu schweigen. Eine Entzückung, wie die meinige war, hätte die Lippen eines Stummen aufgesprengt. Mich dünkt, ich bin viel ruhiger, seitdem ich das Übermafs meiner Freude ausgesprudelt habe. — Es ist wahr, Arasambes hatte Recht, mir Verweise zu geben. Das erste Feuer des Affekts verblendete mich. Ich sah die Folgen des Entwurfs nicht, womit das verlangende Herz mich betrog. Arasambes hat mich an mich selbst erinnert. Nein, Panthea, mein Glück soll dir nicht die Tugend und die Ruhe deines Lebens kosten. Aber soll ich darum aufhören dich zu lieben? Wie könnte ich? Es ist unmöglich! Dein bezauberndes Bild erfüllt meine ganze

Seele! — Und warum sollte ich dem Vergnügen entsagen, dich zu lieben? Ich fühl' es, daſs ich unfähig bin, eine unedle schändliche That zu thun. Ich kenne mein Herz. Feigere Seelen mögen sich durch Fliehen retten! Habe ich nicht die reitzende Gefahr bestanden? und welch eine Gefahr! Ein Unsterblicher hätte ohne zu erröthen unterliegen können. Welche Tugend hätte an meinem Platz untadeliger gehandelt? — Wie ungütig war Arasambes, die ersten Aufwallungen einer überströmenden ungewohnten Freude so streng zu beurtheilen, als ob es die Entwürfe der kalten Überlegung wären! Mein Anschlag war das Werk der Entzückung, die unreife Geburt eines Augenblicks. Bey gelaſsnerem Blute würd' ich ihn selbst verworfen haben. — O Panthea, erst jetzt fühl' ich, wie sehr ich dich liebe! Preiswürdige Schöne! über alles erhaben, was die Natur und die zaubernden Kräfte der Fantasie reitzendes erfinden können! du verdienest das Opfer, das ich dir bringen will. Ohne Hoffnung, ohne Belohnung will ich dich lieben. Ist nicht das Anschauen des Geliebten schon Genuſs? — Wo bist du, anmuthsvolle Königin meiner Seele? Ich will dich suchen; ich will dich unverwandt anschauen, und an deinem Anblick gesättigt jeden andern Wunsch vergessen!

5.

Drey Sklavinnen der Panthea.

Scheristany.

Hier ist ein bequemer Ort uns zu setzen, meine Schwestern; hier am Rande der silbernen Quelle, die über den gelben Sand durch Blumen rieselt. Hier wird die Arbeit unvermerkt unter unsern Fingern wachsen, indem frische Kühlung und liebliche Düfte von diesen Rosenbüschen auf uns herab triefen.

Gulindy. Höre, wie anmuthig dieser Vogel singt — Und jener im benachbarten Busch, er antwortet ihm. Wie zärtlich war dieser Ton! Gewiſs, sie singen einander ihre Liebe zu.

Zelis. Wollen wir nicht mit ihnen in die Wette singen, ihr Mädchen? Ich werde ganz musikalisch, wenn ich diese kunstlosen Sänger höre. Mir fällt etwas ein: wir wollen den Wechselgesang der drey Schwestern singen, den der König so gern zu hören pflegte.

Scheristany. Ich bins zufrieden. Aber wir müssen erst die Rollen austheilen. Mich dünkt, Zelis, du hast mehr Ursache über die Liebe zu klagen, als wir —

Zelis. Du betrügst dich, Kind. Die Untreue meines Liebhabers hat mich keine halbe Stunde schwermüthig machen können. Warum soll ich mich kränken, wenn ein Sommervogel von mir weg zu einer andern Blume flattert? Das Übel ist nur, daſs wir nicht auch umher flattern dürfen. Ach! den Blumen nur allzu ähnlich, müssen wir im Boden eingewurzelt stehen, und warten, bis es einem dieser gaukelnden Schmetterlinge gefällt —

Gulindy. Still mit deinen ungereimten Einfällen, Mädchen! Fange den Gesang an.

Zelis. Wohl denn! Ich schicke mich am besten, der Liebe zu spotten.

„Wie froh flieſsen meine Tage dahin! Durch schuldlose Freuden und sanfte Scherze flieſsen sie lauter und glänzend dahin, von keiner Sorge beschattet. Nie hat mein junges Herz Liebe geseufzt. Nie sank mein geblendeter Blick vom Anblick des Jünglings nieder.

Ich lache ihrer Klagen. Ihr schmeichelndes Lob fährt wie das Sumsen gaukelnder Mücken vor meinen Ohren vorbey. Munter und frey hüpf' ich im Kore der schönen Gespielen, wie ein sorgloses Reh auf blumigen Bergen hüpft."

Gulindy. „Ach Schwester! so fröhlich wie du, so sorgenfrey hüpft' ich umher, eh' Amor mein Herz verwundete. Aber seitdem hat mich die Ruhe mit der lächelnden Freude verlassen! Nicht mehr für mich blüht der Frühling, und der Hain hört meine Seufzer nur. Mein Auge schwimmt in trübem Feuer, der Blumenkranz welkt um meine glühende Stirne; träge schleich' ich zum geselligen Tanze; und kommt die schlummerthauende Nacht, ach! dann wälz' ich mich schlaflos auf dem einsamen Lager, und strecke meinen Arm nach fliehenden Schatten aus."

Scheristany. „Gesegnet sey der goldne Tag, da Hymen mich dem besten Jüngling gab. Sey gesegnet, Hymen, du Geber der Freude, und du keusche geheiligte Liebe, holdes Band, das die befreundeten Menschen zu Einem Geschlechte verknüpft, Quelle der süfsesten Pflichten und der besten Freuden! O Zemin, du Urheber meiner Glückseligkeit, die Stunde, da ich zuerst dich sah, da du die schlummernde Liebe in meinem Busen wecktest, war der

Anfang meines Lebens. Lieblicher sind mir deine Blicke als die aufgehende Sonne, süſser dein Kuſs als die ersten Gerüche der Rosengärten von Susa. Deine Winke sind mein Gesetz, und dein Lächeln die Belohnung meiner zärtlichen Sorgen."

Zelis. „Hinweg kriechende Schlange, schmeichelnder Betrüger, der mich zu lieben vorgiebt, wenn er, nach meiner Schönheit lüstern, nur seine Befriedigung sucht! Ich bedarf deiner nicht. Dieser glatte umschattete Brunnen mahlt mir besser als du, wie reitzend meine Lippen lächeln, wie lieblich um den Marmornacken die schwarzen Locken schweben. Sollt' ich erst von dir hören, daſs ich schlank bin wie eine Gespielin der Waldgöttin? Mein Schatten sagte mirs längst. Auch seufzen Zefyrn um mich, und kühlen, wo ich gehe, die glühende Luft mit ihrem Rosenfittich. Nicht ungeliebt, nur ohne Sorgen und frey, genieſs' ich so den Frühling meines Lebens."

Gulindy. „Ihr, deren zärtliches Herz ein blühender Busen umwölbt, o hütet euch vor dem schmeichelnden Mann! Erstickt den verrätherischen Seufzer, der bey den Klagen des Jünglings sich hebt. So wehklagt die tückische Hyäne, ihren Raub herbey zu locken. O könnt' ich dich, allzu fühlendes Herz, aus meinem Busen reifsen! Ich glaubte dem Verführer, da seine glatten Überredungen mir eine Liebe einflöfsten, die er nicht empfand. Ohne Mitleid hört er jetzt meine Seufzer, sieht die versengte Wange welken, und die Blume meiner Jugend verdorren. Ungerührt sieht ers, und spottet in andern Armen meiner leichtgläubigen Zärtlichkeit."

Scheristany. „Wohlthätiger Hymen! was ist das Mädchen ohne dich? Eine fruchtlose Blume! Sie welkt, und läfst dem künftigen Frühling keinen Sprösling zurück. In thörichter Freyheit hüpft sie ungebändigt umher, und vertändelt ihr unbrauchbares Leben. Oder wenn sie sich unbesonnen im Netze der Liebe verstricken läfst, dann nagt ungestillte Sehnsucht ihr Herz, das verhaltne Feuer schleicht in ihren Adern, und verzehrt die blühende Pracht der Schönheit, ja, oft giebt sie, von der mächtigen Natur bezwungen, Tugend und Ehre um verbotne Freuden hin."

Zelis. „Was für Freuden, o Amor, hast du mir anzubieten? Süfse Pein, gefallende Schmerzen, wollüstige Seufzer, verliebte Tändeley, und was sonst die leichte Seele schwindliger Dirnen reitzt. Sollt' ich für diesen Schaum dich hingeben, holder Friede des jungfräulichen Herzens, und dich edle, Freyheit, du

Seele des Lebens?. Sollt' ich meine frohen Tage dem trotzigen Manne verkaufen? Soll meine Zufriedenheit von seinem Lächeln abhangen? Soll ich den Sklaven, der sich jetzt zu meinen Füſsen krümmt, zu meinem Gebieter erheben? Nein, Amor, so theuer kauf' ich deine Freuden nicht!"

Gulindy. „So lange die Liebe mich berauschte, träumt' ich unverwelkliche Seligkeit. Bezauberte Auen, Felsen von Ambra, und nektarne Seen schwammen um mein fanatisches Auge. Die bethörte Seele flatterte in grenzenloser Wonne umher, und ahnete kein Übel, bis sie der entfliehende Traum aus der süſsen Raserey erweckte. Jetzt ist Schmerz und bittrer Gram mein Antheil. Von Scham und Reue verfolgt flieh' ich umsonst vor mir selbst, wie ein gejagtes Wild keichend vor wüthenden Hunden flieht."

Scheristany. „Süſs ist, ihr Töchter, die keusche Umarmung der Liebenden, wenn Natur und harmonische Tugend das Band geknüpft haben, womit sie Hymen vereinigt. Entzückend ist der Anblick der lächelnden Jugend, die um uns her aufblüht, und ihr glückliches Daseyn unsrer keuschen Liebe dankt. Süſs ist die Arbeit, ihr weiches Herz zur Tugend zu bilden; süſs die Sorge für ihr künftiges Glück. Jeder frohe Tag öffnet uns schönere Aussichten. Und wenn ich einst verwelkt bin, wenn ein künftiges Geschlecht, jetzt noch ungeboren, auf den Blumen tanzt, die aus meinem Staube sprossen: dann lebt noch ein werther Überrest von mir; dann blühen noch Enkel, die das Leben aus meiner Brust gesogen haben, und mein Andenken segnen. Sagt jetzt, sagt, ihr Schwestern, macht mich die Liebe nicht glücklich?"

Zelis. „Fühlt' ich nicht den Werth der jungfräulichen Freyheit, ja, Schwester, dann könnte dein Glück meinem Herzen einen Wunsch entlocken. Doch mag selbst die Freyheit ihren Reitz verlieren, wenn Hymen, mit der Glückseligkeit verschwistert, ihr Nebenbuhler wird."

Gulindy. „Ach! warum liefs mich mein Schicksal keinen Zemin finden! Ach! dafs ich den nicht fand, für den mein Herz so zärtlich gebildet war! Unbesonnen glaubt' ich dem Rath meiner Augen, und dem süfsen Betrug, der von purpurnen Lippen flofs. Ach! zu spät lern' ich jetzt, dafs nur die weise Liebe glücklich macht!"

Alle drey. „Ihr Mädchen, verstopft das willige Ohr dem lockenden Amor. Wenn

Weisheit und Tugend mit der zärtlichen Sympathie den holden Hymen herbey führen, dann möge euer Herz der süſsen Beredung weichen, und von geheiligter Liebe wallen, der Quelle des Lebens und des häuslichen Glücks!“

Scheristany. Wir sind keine von den Sängern, von denen die Dichter erzählen, daſs sie mit ihrem Gesange die Sterne in ihrem Laufe zurück halten. Indem wir singen, hat die Sonne schon den Gipfel des Himmels erreicht. Kommt, Schwestern, jetzt rufen uns andere Geschäfte.

6.

Panthea allein.

Der Niederträchtige! — O wie klopft mein Herz! — Dank sey den Göttern, daſs ich ihm entgangen bin! — So belohnt er meine allzu willige Freundschaft! So liebt er die Tugend, mit der seine Lippen so vertraut sind! — Wie verschmäht ihn mein Herz! (Sie erblickt Mandanen.) O Mandane! —

7.

Mandane. Panthea.

Mandane.

Wie bestürzt, meine Königin? Woher diese zürnende Miene, die deinem sanften Gesichte so fremd ist? Ich erzittre dich zu fragen — Woher kommt meine Panthea?

Panthea. Dieser Araspes —

Mandane. Himmel! hat er meine Besorgnisse gerechtfertiget? — Aber es sind Züge von innerer Ruhe und sich selbst bewuſster Gröſse in deinem Gesichte! Dank sey den Göttern!

Panthea. Sey ruhig, meine Freundin! Ich bin ihm entgangen. Aber der Elende war fähig — Ich bin noch zu athemlos zu reden. Was machte ihn glauben, daſs ich eine solche Begegnung ertragen werde? — Doch mein Herz macht mir keine Vorwürfe. — Eile, Mandane, sende zu Cyrus; bitte ihn, daſs er seinen Freund schleunig hinweg rufe. Der Unglückselige unterstand sich — ich sehe noch seine funkelnden Augen — mich mit Gewalt zu bedräuen, da sein kriechendes Schmeicheln vergeblich war.

Mandane. Weg mit dem Nichtswürdigen! Ich gehe — Aber erlaube mir, Königin, daſs ich ihn zuvor aufsuche. Er soll gestehen, daſs er ein nichtswürdiger Elender ist! — O daſs er mir doch in den Weg käme!

Panthea. Er fand mich unter den Myrten. Du wirst ihn vielleicht noch daselbst antreffen. Wenn du zurück kommst, werde ich geschickter seyn, dir die schändliche Geschichte zu erzählen.

8.

Araspes. Mandane.

Araspes.

Ich suchte dich, Mandane —

Mandane. Du suchtest mich, Elender? Du unterstehest dich noch mit deinem Verbrechen zu prahlen? — Wir sind hier in deiner Gewalt; aber wenn es mir auch das Leben kosten sollte, so könnte ich dir nicht verbergen, wie sehr ich dich verachte.

Araspes. Du kannst mich nicht mehr verachten, als ich selbst mich verachte — Aber ich begreife nicht, wie du wissen kannst, womit ich deinen Unwillen verdient habe. Panthea ist mir kaum entflohen; es ist unmöglich, daſs sie dir schon erzählt habe, was zwischen uns vorgegangen ist,

Mandane. Der Zustand, worin ich sie antraf, sagte mir viel stärker als Worte thun können, wie unedel du gegen sie gehandelt haben mufstest. Die Veranlassung mufs aufserordentlich seyn, wenn Zorn aus ihren gütigen Augen blitzen soll.

Araspes. Kannst du Geduld haben, Mandane, mich zu hören? Ich suchte dich, nicht (wie du sagtest) mit meiner Schande zu prahlen, nicht mich zu entschuldigen — ich verabscheue mich selbst zu sehr, um diefs zu versuchen. — Ich wollte dir nur zeigen, dafs, wenn gleich eine unbescheidene Entzückung mich fähig machen konnte, die Achtung zu vergessen die einer Panthea gebührt, mein Herz doch noch nicht verderbt genug ist, ihre Tugend weniger zu bewundern, weil sie meine kühnen Wünsche vereitelt hat. Höre mich! ich will dir die ganze Geschichte mit der getreuesten Wahrhaftigkeit erzählen. Niemahls hat eine Schöne die Probe besser gehalten als Panthea.

Mandane. Es war sehr überflüssig, eine Tugend, die noch niemand in Zweifel gezogen hat, auf die Probe zu stellen. Die Ehre, die sie dadurch erhalten hat, ist deine Schande. Doch was sag' ich? Welche armselige Ehre für die Gemahlin des Abradates, gegen einen jungen Unsinnigen wie du ausgehalten zu haben! Was für eine lächerliche Eitelkeit, dafs du dir schmeichelst, man müsse eine Heldin seyn, um Dir zu widerstehen! — Aber erzähle nur, wenn du durch das Geständniſs deiner Übelthat deine Schuld zu erleichtern glaubst.

Araspes. Ich ging diesen Morgen unter den Myrten, kühlere Luft zu schöpfen. Ich war ungewöhnlich zur Freude gestimmt. Panthea begegnete mir. Ich erzählte ihr die angenehme Veränderung, die ihr gestriger Besuch bey mir gemacht. Sie schien darüber vergnügt zu seyn. Ich lenkte bald das Gespräch auf ihre Reitzungen, aber mit einer so anständigen und kaltsinnigen Art, daſs sie meine Lobpreisungen nur scherzend abwies. Allmählich ward ich belebter; ich fing an, mit Entzükkung von der schönen Natur und der noch schönern Panthea zu reden. Sie bat mich, mit ihr zurück zu gehen. Ich fiel zu ihren Füſsen, ich umfaſste ihre Knie. — Sie erschrak; ihre Augen blitzten Zorn mit Verachtung vermischt auf mich herab. Sie wollte sich los reiſsen; ich hielt sie fest, indem ich mit Blikken und mit einer Stimme voll Ehrfurcht sie beschwor, mich anzuhören. — O wie beredt machte mich da die Liebe!

Mandane. Verwünscht sey das, was du Liebe nennst, mit ihrer Beredsamkeit! — Aber fahre fort!

Araspes. Alles, was Entzückung und schmachtende Sehnsucht zärtliches eingeben kann, strömte von meinen Lippen. Umsonst sträubte sie sich — ich erröthe, dir meine ganze Thorheit zu gestehen — aber ich verdiene diese Strafe! — Allmählich wurde ich so unbescheiden, daſs sie einen stärkern Versuch machte, sich von mir los zu reiſsen. Aber Amor hatte meinen Armen siebenfältige Stärke gegeben. Mit sanfter Gewalt zog ich sie auf eine blumige Bank. Ich war auſser mir selbst. Sie erhaschte diesen Augenblick meiner Schwachheit, sich von mir los zu machen. O wie flog sie davon! Aber das häufige Gesträuch hielt sie auf, ich hohlte sie ein, ich fiel von neuem zu ihren Füſsen. Sie sah, daſs Zorn oder Gewalt für einen entschlossenen Liebhaber nur Reitzungen sind. Sie fing an zu flehen; noch tönen ihre melodiereichen Klagen in meinem Ohr! Wie unwiderstehlich baten ihre Augen, von Thränen schimmernd, die nur der Schrecken zurück hielt! Beynahe hätt' ich, durch ihre erweichende Beredsamkeit besiegt, sie freywillig entwischen lassen. Aber wie ich meine Augen aufhob, wie ich sie sah — O Mandane, sie hatte im Fliehen ihren Schleier verloren — Wie schön war sie! Die Bewegungen, in die ich sie setzte, der Schmerz, die unschuldsvolle Angst, die flehende Miene, alles zusammen machte ihre Reitzungen unwiderstehlich. Ich wuſste nicht mehr, was ich that. Ich schwor, daſs sie die Meinige seyn müſste; ich rang mit ihr, und mischte die zärtlichsten Liebesversicherungen mit Gewalt und Drohung. Aber in diesem Augenblick hättest du die Obermacht der Tugend sehen sollen. Mit der Stärke eines Engels riſs sie sich los, und trat langsam zurück; ein feierlicher ernster Glanz breitete sich um ihr Gesicht; ihre Gestalt schien gröſser zu werden. Wie majestätisch stand sie da, mit dem Gefühl der Erhabenheit bewaffnet, die ihr die Tugend über mich gab! Zurück, Elender! sprach sie mit heiligem Zürnen; hinweg aus meinen Augen! Hinweg aus den Augen des rächenden Gottes, der aus dieser umleuchtenden Sonne auf dich herab sieht! Hinweg! Dein Anblick ist mir unerträglich, schändlicher Heuchler! Wenn sich deine Hände in Tiegerklauen verwandelt hätten, mich zu zerfleischen, so könnte ich dir vergeben haben! Aber die himmlischen Mächte lassen die Unschuld nicht den Raub des Lasters werden! Verbirg dich, wenn du kannst, vor ihrem zürnenden Blick! — Indem sie so sprach, — wirst du es glauben, Mandane? — lag ich von Furcht und Scham betäubt am Boden, und zitterte wie ein nichtswürdiger Sklave, unfähig zu reden oder eine Nerve zu rühren; und so ging die Göttin mit langsamen feierlichen Schritten bey mir vorbey, und war schon aus meinen Augen, eh' ich wieder meiner selbst mächtig war. O wie verfinsterte sich jetzt der Tag um mich her! In Verzweiflung warf ich mich auf den Rasen, dessen weiches Gras unter mir zu Dornen wurde. Ich lag etliche Augenblicke, wie vom Donner betäubt, am Boden, und als ich mich selbst wieder fand — Ha! was will dieser keichende Sklave, der auf uns zueilt? — Ihr Götter, ich erkenne ihn! Er kommt von Arasambes!

Der Sklave. Herr, ich verkündige dir die Ankunft des Cyrus. Er ist kaum noch eine Parasange von hier entfernt. Arasambes, der ihm begegnete, schickte mich, dich zu benachrichtigen, damit du dem Prinzen entgegen eilest.

Araspes. Ich bin verloren! — Fliehe, Unglückseliger! — Cyrus kommt, ich bin verloren!

Mandane. Ich eile, meine Königin mit dieser Botschaft zu entzücken.

9.

Araspes allein.

Ich soll ihm entgegen eilen? — Ach! ihm zu entfliehen ist der einzige Wunsch, die einzige Hoffnung, die mir übrig ist! Wie könnt' ich den Muth haben, die Schärfe seiner Blicke auszuhalten? — Aber er weiſs mein Verbrechen nicht; er weiſs nicht, wie sehr der übermüthige Araspes seine Vorhersagung gerechtfertiget hat! — Ich Unglückseliger! Ehmahls war es mein Stolz, jede meiner Thaten dem hellesten Tage auszusetzen. Ich suchte deine Augen, o Cyrus! Ich forderte jedes andere Auge auf, und las in jedem das Zeugniſs meines Werthes! — O marterndes Bewuſstseyn der Schande! Wie unerträglich bist du demjenigen, dessen Ohr an die süſseste aller Melodien, an verdientes Lob seiner Tugend, gewöhnt ist! — Und wie, wie sollt' ich mein Verbrechen vor ihm verbergen? Warum sollten sie meiner schonen? Panthea, die mich verabscheut; Mandane, die ihre Königin rächen will;

warum sollten sie meiner schonen? Ich bin ein Ungeheuer in ihren Augen! — Soll ich dich suchen, beleidigte Schöne? soll ich zu deinen Füſsen fallen, und dir flehen, daſs du mir vergebest? Ach! sie kann, sie wird mir nicht vergeben; sie ist zu sehr beleidigt! Die Zärtlichkeit, die sie einst für den tugendhaften Araspes fühlte, verdoppelt jetzt ihren Abscheu vor dem Elenden, der ihren Werth nicht zu schätzen wuſste. — Soll ich Mandanen flehen? — Ihr Götter! wozu bin ich gebracht! Das Mitleiden einer Sklavin anzuflehen! nur diese Niederträchtigkeit fehlte noch, meine Schande zu vollenden! — Und wenn ich sie erbitten könnte, was hälf' es mir? Mein furchtbarster Ankläger ist in meinem eignen Busen! O Cyrus, ich kann dich nicht betrügen! Du wirst mein Verbrechen in meinen Augen lesen — Ich bin verloren!

Welch ein plötzlicher fürchterlicher Wechsel! Vor wenigen Augenblicken war noch alles Entzückung um mich her! — O Liebe, verwünscht sey deine Zauberey! Unselige Leidenschaft, was giebst du mir für alles, was ich dir aufgeopfert habe! Mein Ruhm, der errungne Lohn meiner schönsten Jahre, meine Hoffnungen, meine Tugend, Cyrus, Panthea — welche Opfer! Was hast du mir übrig gelassen, als dieſs elende nackte Leben, von allem ausgezogen, was es begehrenswürdig macht, das kriechende Daseyn eines Wurms, zu ewigem Gefühl der Schande verdammt! — Aber, wen klag' ich an? — Unsinniger! Du selbst, du selbst hast dein Verderben beschleunigt! Von Panthea gewarnet, von Arasambes geschreckt, was für eine Entschuldigung bleibt mir übrig? Göttliche Schöne! auf ewig bist du für mich verloren! Nicht mehr wird mein Gesicht von deinem Lächeln wieder glänzen! Nicht mehr wird deine Zauberstimme mein Ohr umsäuseln! Nicht mehr wird uns in vertraulichen Gesprächen der Abendstern behorchen! — Ach! ich besafs ihre Freundschaft, ihr Zutrauen! — Vielleicht hätte sie mich geliebt, wenn die ungestüme Hitze meiner Leidenschaft der zärtlichen Empfindung Zeit gelassen hätte, sich in ihrer schönen Brust zu entwickeln. Vielleicht hätte sie mich geliebt! Vielleicht — Entsetzlicher Gedanke, zurück! Aus welchem Paradiese von Hoffnungen und künftiger Wonne hat mich mein lasterhafter Taumel herab gestürtzt!

Wo bin ich? — O verhafste Gegend! ich erkenne dich. Was für Bilder schweben um dich her! — Unter dieser Laube lag ich zu ihren Füfsen! Auf diesen zerknickten Blumen rang ich mit ihr! — O hinweg, allzu reitzende Erinnerungen! Mischet nicht eure giftige Wollust in meine Qual! Zwinget mich nicht zu wünschen, dafs ich noch mehr zu bereuen haben möchte! — Aber indefs ich hier irre, naht sich derjenige, dessen Anblick mir furchtbarer ist als der versteinernde Blick der Gorgone. Nein, ich kann, ich will nicht wie ein schamloser Elender vor dem gröfsten der Sterblichen stehen! Ich kann mein Verbrechen nicht vor ihm verbergen. Aber seinem strafenden Aug' entfliehen — Elender Trost! du bist alles, was mir übrig ist!

FÜNFTE ABTHEILUNG.

1.

ARASPES allein.

Ich bin noch hier — Eine geheime Kraft hält meinen fliehenden Fuſs zurück. — O Cyrus! ist es dein Genius, der, stärker als der meinige, mich zurück hält? Oder ist es Panthea? — Ach, welch einen Nahmen sprichst du aus, Elender! Sie ist verloren! auf ewig verloren! — Und was bleibt mir, wenn sie verloren ist? Wenn auch Cyrus mir vergeben könnte, die Wiederkehr seiner Freundschaft kann ich nicht verdienen! Mein Muth ist dahin; ich habe nichts mehr zu hoffen; ich bin ein entseelter Schatten, dem von der Wirklichkeit nichts als eine traurige Erinnerung des Vergangenen übrig ist. Ich Elender! wie gänzlich hat mich diese Leidenschaft zu Grunde gerichtet!

2.

Arasambes. Araspes.

Arasambes.

Warum verbirgst du dich, Araspes? Cyrus ist gekommen, und du hast ihn noch nicht gesehen? Du scheuest dich vor seinem Blick? Unglücklicher! du hast Ursache dich zu verbergen! Aber es ist vergeblich; deine ganze Schande ist entdeckt. Du selbst hast dich verrathen. Was anders als das Bewufstseyn irgend einer Übelthat könnte dich zurück halten, ihm entgegen zu eilen? Und o ihr Götter! welch einer Übelthat konntest du fähig seyn! — Ein Wilder, ein Ungeheuer, von Baktrischen Tiegern erzogen, würde vom Anblick dieser göttlichen Schöne zum Menschen erhöht worden seyn. Rede, Unglücklicher! was kannst du zu deiner Entschuldigung anführen? Ihre Schönheit, ihre Unschuld, die Hoheit ihres Standes, ihr Unglück, alles was Panthea ist, vereinigt sich, dein Verbrechen unverzeihlich zu machen. Und was war Araspes! Zu welcher Tugend erzogen! Zu welchen Aussichten berechtigt! Zu welcher beneidenswürdigen Stufe der Hoheit und des Glücks bestimmt! Ein Freund des Cyrus, ein Gefährte seines Heldenzuges, ein Theilnehmer seiner Arbeiten und ihrer glänzenden Belohnungen! Alle diese glorreichen Nahmen, und den frühzeitigen Ruhm, den du auf der Laufbahn der Tugend schon errungen hattest, hat ein einziger schändlicher Augenblick vernichtet. Fühlest du jetzt, wie furchtbar die Rache der beleidigten Tugend ist? Es ist zu spät. Damahls, da ich dich warnte, da ich dir alle diese unseligen Folgen deiner lasterhaften Leidenschaft ankündigte, damahls war es Zeit!

Araspes. Unbarmherziger Freund! kommst du nur meiner Erniedrigung zu spotten? Nur diese Qual fehlte mir noch, meinen Zustand unerträglich zu machen. Du siehst mich unglücklich, und anstatt mich zu bedauern, rächst du noch deine verachteten Warnungen an mir.

Arasambes. Der leidenden Unschuld gebührt Mitleiden, nicht dem bestraften Laster. Ich ehre den Unglücklichen, den die Hand des Schicksals drückt; seine Thränen machen die meinigen fließen; aber ein Verräther der Sache der Tugend, der sein Unglück selbst gewirkt hat und nur darum wehklagt, weil er nicht ungestraft Böses thun kann, ein solcher verdient mein Mitleiden nicht!

Araspes. Danke dem Himmel, du, der du so sehr auf deine Tugend trotzest, daſs er dich aus einem härtern Thone gebildet hat als mich! Mit dem Grade von Empfindlichkeit, mit dem die Natur mich strafte, würdest du in meinen Umständen nicht weiser gewesen seyn. Du bist nie auf die Probe gesetzt worden; du kennst die Versuchung nicht, der ich untergelegen bin. Du schmeichelst deiner Weisheit mit dem Gebrechen deiner Nerven, und forderst mehr von der Seele, als sie zu thun vermag. Vielleicht ist es glücklich, so gebaut zu seyn wie du; aber es ist keine gerechte Ursache, diejenigen zu verachten, deren Tugend mit allzu reitzbaren Fibern und allzu lebhaften Begierden kämpfen muſs, und selbst wenn sie endlich der Gewalt der Versuchung nachgeben muſs, durch den muthigen Widerstand, den sie that, schätzbarer ist, als diejenige, die nur darum niemahls überwunden wurde, weil sie niemahls einen Feind gesehen hat.

Arasambes. Eitle, nichtswürdige Ausflüchte! Schäme dich, deine Verbrechen durch Grundsätze zu entschuldigen, welche zu behaupten ein neues Verbrechen ist; Grundsätze, die das Laster aufmuntern, und dem Tugendhaften mit dem Anspruch an gerechtes Lob zugleich den mächtigsten Antrieb zu schönen Thaten, und die süßeste Belohnung derselben rauben. Welche verruchte That könnte nicht durch diese spitzfindige Art zu denken von ihrem Thäter abgewälzt, und der Natur oder ihrem weisen Urheber aufgebürdet werden? Aber es bedarf keiner Widerlegung: dein eigenes inneres Gefühl, das durch diese Spiele des gaukelnden Witzes nicht gestillt werden kann, antwortet dir für mich. Warum würdest du dich selbst anklagen, warum würdest du fliehen, warum würdest du die Augen eines Cyrus scheuen, wenn du dir nicht bewußt wärest, daß du schuldig bist? Komm, wenn du es wagen darfst, zeige dich dem Cyrus! Versuch' es, deine schnöde Rechtfertigung seinem prüfenden Ohr auszusetzen; er soll den Ausspruch thun!

Araspes. Ich Unglücklicher! warum zaudre ich noch, einem zu Schande und Qual verdammten Leben ein Ende zu machen? — Ich hatte einen Freund. Wie oft dachte ich, wenn mich die Unbeständigkeit der menschlichen Dinge vor der Zukunft beben machte; wenn ich den Glücklichen ächzen hörte und Könige in Fesseln sah: dann dachte ich, was auch mein Verhängniß seyn mag, ich habe einen

Freund, ich kann niemahls ganz unglücklich seyn! Wenn mich alles verlassen hätte, so wird Er mir übrig bleiben, mitleidige Thränen in die Thränen meines Kummers zu mischen, und meinen sinkenden Muth durch den Gedanken aufzurichten, daſs noch ein Rechtschaffener übrig ist, der mich liebt! — Du warst dieser Freund, Arasambes — Er ist verloren! Er sieht mich in einem Zustande, der den Haſs eines Todfeindes versöhnen würde, und ist fähig meiner zu spotten! — Wenn Arasambes mich bis zu diesem äuſsersten Grade verachtet, was kann ich von Cyrus hoffen? — Er war auch mein Freund; aber er war zugleich mein Fürst, mein Befehlshaber und mein Richter — Was für ein Geräusch? Welche Stimme schreckt mein Ohr! — Er ist es! Er ist es selbst! Es ist Cyrus! Ich kann ihm nicht entfliehen — Er sucht mich — O daſs der Grund unter mir im schrecklichsten Erdbeben bis zu den finstern Grüften der Hölle sich öffnete, mich vor seinem Anblick zu verbergen!

Arasambes. Erinnere dich an das, was eine Panthea von dir leiden muſste, und unterwirf dich den Folgen deiner Niederträchtigkeit!

3.

Cyrus. Araspes.

Cyrus.

Du fliehst mich, Araspes? Deine Blicke weichen den meinigen aus? Womit habe ich das Zutrauen meines Freundes verloren?

Araspes. O Cyrus! du kannst mich nicht so sehr verachten, als ich mich selbst verabscheue. Wie soll ich, mit Scham und Unehre belastet wie ichs bin, die Blicke des Gröſsten unter den Menschen aushalten?

Cyrus. Siehe mich an, Araspes! Sagen dir meine Augen etwas andres, als daſs ich dich liebe? Du hast keine Verweise zu befürchten. Wenn einer von uns zu tadeln ist, so bin ichs. Ich kannte die Gewalt der Schönheit, wenn sie durch die Reitze einer vollkommnen Seele unwiderstehlich gemacht wird.

Wie sehr bereue ich jetzt, dafs ich, wiewohl in unschuldiger Absicht, dein Peiniger gewesen bin! Denn ich schliefse von dem, wozu die Gewalt der Leidenschaft dich getrieben, auf das was du gelitten hast. Eine Seele, wie die deinige, konnte nur von einem langen schmerzhaften Kampf entkräftet unterliegen.

Araspes. O Bester der Menschen, wie sehr beschämt mich deine Grofsmuth! Das Bewufstseyn meiner Schuld weissagte mir einen ganz andern Auftritt, wenn ich dich sehen würde. Ach! wenns möglich gewesen wäre, ich hätte mich in die Eingeweide der Erde verborgen, deinem Anblick zu entrinnen. Es ist entsetzlich, mit der schamrothen Wange des Verbrechens vor die Augen der unbefleckten Tugend zu treten.

Cyrus. Und wie, wenn ich diese Tugend, die du so unnöthig gefürchtet hast, blofs der Flucht zu danken hätte? — So ist es, Araspes! An deinem Platze, wie Du dem täglichen Anschauen der schönen Panthea ausgesetzt, würde ich das gleiche gelitten haben. Deine Erfahrung lehrt dich jetzt, dafs ich Ursache hatte, die schöne Gefahr zu meiden. Alles was dir begegnet ist, war die natürliche Folge der Wirkungen der Schönheit und Liebe.

Ehmahls kanntest du die Liebe nur als eine Tugend, nicht als eine Leidenschaft. Die Erfahrung allein konnte dich überzeugen, daſs dieser angenehmste und mächtigste von unsern Trieben nicht allezeit in unserer Gewalt bleibe. Ich setzte dich der Probe aus; aber ich zittre, wenn ich denke, daſs der allzu theure Versuch mir den liebenswürdigsten meiner Freunde hätte kosten können. Ich hätte alles, was geschehen ist, vorher sehen sollen. Ich hätte es wissen sollen, daſs die Verrichtung, die ich dir auftrug, über die Kräfte eines Sterblichen war. Ich allein bin zu tadeln; Du verdienest Mitleiden. Erst alsdann würdest du strafbar seyn, wenn du, nachdem du erfahren hast was die Liebe vermag, dich zum zweyten Mahl in den Fall setztest überwunden zu werden.

Araspes. Hierin, wie in jeder andern Handlung deines Lebens, o Cyrus, zeigest du diese erhabene Güte, die dich in den Augen aller, die dich kennen, den höhern Wesen ähnlich macht. Du kannst Nachsicht gegen die Schwäche der gebrechlichen Menschheit haben. Du vergiebst mir — was ich mir selbst nie vergeben werde. Aber in den Augen aller übrigen Menschen bin ich nichts desto weniger auf ewig entehrt. Meine Freunde machen mir Vorwürfe, meine Feinde frohlocken über meinen Fall. Alle sehen mich als einen Elenden an, der die Gesellschaft der Helden schändet, die mit Cyrus ausgezogen sind, ein Werk zu vollenden, das nur von den Edelsten des Menschengeschlechts ausgeführt zu werden würdig ist. Eine immer währende Verbannung aus deiner Gegenwart ist die unvermeidliche Strafe, die ich mir zugezogen habe.

Cyrus. Denke nicht an eine Verbannung auf immer. Da ich der Urheber aller der Übel bin, die du von der Liebe gelitten hast, so gebührt es auch Mir, ihren Folgen zuvorzukommen, und dich wider in deinen ehmahligen Zustand zu setzen. Ich will solche Anstalten machen, daſs du, nach einer kurzen Entfernung, mit allem dem Beyfall, mit allem dem Glanze zurück kommen sollst, dessen deine frühzeitige Tugend gewohnt ist. Selbst diejenigen, die jetzt deine Feinde sind, sollen gewonnen werden, wenn sie sehen was für einen wichtigen Dienst du ihnen und mir geleistet haben wirst. Ich bedarf zu einer geheimen Verrichtung, von welcher der ganze Erfolg unserer Unternehmungen abhängt, eines Jünglings, der mit allen einnehmenden Eigenschaften den geschmeidigsten Geist und den entschlossensten Muth verbinde. Auf welchen würdigern könnte ich meine Augen werfen, als auf meinen Araspes?

Araspes. Gleich einer gegenwärtigen Gottheit hauchest du neues Leben in meine Seele, die in muthloser Entnervung aller ihrer Kräfte zu einem ewigen Tode eingeschlummert war. O sage, Du der allein verdient alle Zonen der Erde zu beherrschen, sage, was kann ich thun, das der Güte würdig sey die du mir beweisest? Wem anders als dir sollte ich die Erstlinge des erneuerten Daseyns aufopfern, das du mir geschenkt hast? Es giebt keine Gefahr, die mich erschrecken, kein Hindernifs, das meinem Muth unübersteiglich seyn kann, wenn Cyrus mich seines Zutrauens würdiget.

Cyrus. Der König von Babylon ist gedemüthigt. Aber wir haben noch einen weit furchtbarern Gegner vor uns, den König von Lydien, der uns, an der Spitze der gesammten Kräfte des kleinern Asiens, die Blüthe des heroischen Griechenlandes entgegen stellen wird. Ich bin im Begriff, mich durch die Cilicischen Pforten seinen Grenzen zu nähern. Aber eh' ich tiefer in Provinzen, die uns nicht bekannt genug sind, einzudringen suche, ist es unumgänglich nöthig, dafs ich durch einen Kundschafter, auf dessen Tüchtigkeit und Treue ich mich verlassen kann, sowohl die Stärke und Schwäche als die geheimen Anschläge und Veranstaltungen unsrer Feinde ausspähe. Es ist nicht genug, daſs derjenige, den ich zu diesem wichtigen Geschäft gebrauche, mit allen den Gaben der Natur und mit allen den Künsten versehen sey, die dazu erfordert werden; er muſs auch einen Nahmen führen, der ihm Ansehen gebe; er muſs sich stellen, als ob er zu unsern Feinden übergehe, damit sie ihm Gelegenheit geben, sie auszukundschaften; und er muſs uns unter solchen Umständen verlassen, die seiner Verstellung den Schein der Wahrheit geben, und die Lydier überreden, daſs ihn ein unversöhnlicher Haſs gegen uns zu ihrem Freunde mache, und daſs ihr Untergang der seinige seyn würde. Alle diese Erfordernisse finden sich durch einen glücklichen Zufall bey dir zusammen. Deine Begebenheit mit der schönen Königin von Susiane ist, ich weiſs nicht wie, so ruchtbar geworden, daſs sie in kurzem dem ganzen Heere bekannt seyn wird. Dieser Zufall, der in andern Umständen deinem Ruhme schädlich gewesen wäre, wird ihm durch den Gebrauch, den ich davon machen will, und durch den Erfolg deiner Unternehmung einen neuen Glanz verschaffen. Man wird es natürlich finden, wenn du zu unsern Gegnern übergehest; deine Flucht wird einer Furcht vor der

Strafe beygemessen werden; sie wird die Unsrigen eben so wohl als die Feinde betrügen, und unser Geheimniſs wird desto sichrer seyn. Scheue dich nicht, Araspes, in den Augen deiner Freunde für eine kurze Zeit ein Verräther zu scheinen. — Deine Zurückkunft, die Entdeckung des Geheimnisses, und der glückliche Ausgang wird nicht nur den täuschenden Nebel von deiner Ehre wischen, sondern dich dem ganzen Heer in einem Lichte darstellen, welches das Andenken deines ehmahligen Fehlers in jeder Seele auslöschen wird. Dieſs ist der Vorschlag, den ich dir zu thun gekommen bin. Frage nun dein Herz, ob es willig ist, so viel für die Beförderung unserer Sache zu wagen.

Araspes. Ehmahls, da ich es wagen durfte, mich den Freund des Cyrus zu nennen, schien mir keine Unternehmung schwer, die ein geringerer als ein Gott verrichten konnte. Jetzt da deine groſsmüthige Güte das niederschlagende Gefühl meiner Schmach aus meiner Seele vertrieben hat, fühle ich meine ganze Stärke wieder. Du hättest aus vielen wählen können, die mich an den Vorzügen übertreffen, die nur die Natur geben kann; aber es ist keiner, der mir an Muth und Treue und Eifer für deine Sache, welche die allgemeine Sache der Völker ist, überlegen seyn könnte. Mein Herz schwillt von dem Gedanken auf, daſs du mich, ungeachtet des Falls meiner Tugend, nicht unwürdig hältst, an dem glorwürdigen Werke zu arbeiten, wozu der Himmel dich gerufen hat. Dieser mächtige Beweggrund, unterstützt vom Verlangen mich deines Zutrauens wieder würdig zu machen, und einen Flecken von meinem Nahmen abzuwischen, der nur durch eine lange Reihe rühmlicher Bestrebungen ausgelöscht werden kann, wird meine Kräfte verdoppeln. Laſs mich eilen, o Cyrus, ein Vorhaben auszuführen, von dem bereits meine ganze Seele voll ist.

Cyrus. Ich erkenne dich wieder, mein Freund; und dieser edle Eifer, der in deinen Augen glühet, würde dir meine ganze Zuneigung wieder gegeben haben, wenn es möglich gewesen wäre, daſs du sie durch einen Anfall von fieberischer Leidenschaft hättest verlieren können. — Aber denke zurück, Araspes — Kannst du dich so leicht entschlieſsen, die reitzende Panthea zu verlassen?

Araspes. Ach Cyrus! was für einen Nahmen hast du ausgesprochen! Vergieb meiner Verwirrung! — O wie verachte ich mich selbst in diesem Augenblicke!

Cyrus. Die Wunde ist noch zu frisch, als daſs sie schon geheilt seyn könnte; die Luft, die um Panthea flieſst, ist dir gefährlich. Du siehest jetzt einen neuen Vortheil der Entfernung, die ich dir vorschlage.

Araspes. Entschuldige, mein Fürst, diese Thränen, die unwillig meine schamrothen Wangen decken! — Ach! in diesem Augenblick erfahre ich die Wahrheit, daſs ich zwey ganz verschiedne Seelen in mir habe. Denn es ist unmöglich zu glauben, daſs, wenn ich nur Eine Seele hätte, sie zu gleicher Zeit gut und schlimm, zugleich für so widersprechende Dinge als Tugend und Laster, eingenommen seyn könnte. Nein! es müssen nothwendig zwey seyn. Wenn die gute die Oberhand hat, dann handeln wir edel; wenn die böse, niederträchtig und schändlich. Die Erfahrung hat mich diese Wahrheit auf Unkosten meiner Ruhe und meiner Ehre gelehrt. Ach! vor kurzem war die böse Seele gänzlich Meister. Jetzt schwingt sich, von deinem Beystand erweckt, die gute wieder empor, und kämpft mit ihrer Feindin in meiner Brust! Ohne die Obermacht deines stärkern Genius würde sie den Sieg kaum behauptet haben. Aber ich fühle den Einfluſs deiner Gegenwart, o Cyrus! Die schändliche

Seele weicht; — umsonst sträubt sie sich — sie taumelt mit gelähmten Flügeln zu Boden — die bessere Seele hat gesiegt! Ich eile, ohne zurück zu sehen, wohin Cyrus und die Tugend mich rufen!

ENDE DES XVI. BANDES.

L e i p z i g

gedruckt bey Georg Joachim Göschen.

Kolibri 360 GmbH
Ferdinand-Jühlke-Straße 7
99095 Erfurt, Deutschland
produktsicherheit@kolibri360.de